Ser autosuficiente en casa

Una guía esencial para cultivar alimentos, criar pollos y crear una mini-granja para la autosuficiencia y el bienestar

Índice

Primera Parte: Homesteading en su patio trasero

La guía definitiva sobre homesteading para cultivar su propia comida, criar pollos y construir una mini granja que le lleve a ser autosuficiente y a generar ingresos

HOMESTEADING EN SU PATIO TRASERO

La Guía Definitiva Sobre Homesteading para Cultivar su Propia Comida, Criar Pollos y Construir Una Mini Granja que le Lleve a ser Autosuficiente y a Generar Ingresos

DION ROSSER

Introducción

Homesteading en su patio trasero introduce los principios del *homesteading*, un estilo de vida que busca la autosuficiencia al aprovechar los recursos naturales de forma sostenible, e incluye métodos prácticos que los principiantes podrán utilizar de inmediato. En esta completa guía se explicarán las excelentes razones para dedicarse al *homesteading*, cómo comenzar, para cuáles desafíos se debe planificar y mucho más.

No pierda la oportunidad de aprender sobre el *homesteading* de una manera práctica y fácil de entender. Estos métodos son infalibles y han sido utilizados por hogares que operan de manera autosuficiente durante décadas o incluso siglos. Ahora muchas personas recuerdan que hace solo unas pocas generaciones la mayoría de los hogares dependían de su propio huerto, criaban pollos y se comprometían con su comunidad. Esta autosuficiencia se está convirtiendo de nuevo en una situación más normal. No importa si usted tiene un pequeño patio trasero o hectáreas de propiedad, puede empezar con lo básico y aprender a planear y desarrollar su granja autosuficiente mientras perfecciona sus habilidades aún más.

Siga leyendo para descubrir cómo puede implementar técnicas modernas para dominar los antiguos métodos de cultivo de la tierra y para llevar un estilo de vida que se ajuste a sus valores.

Capítulo 1: Razones para incursionar en el mundo del homesteading

No importa si usted siempre ha estado interesado en la horticultura o si los cambios en la economía y la seguridad personal han hecho que considere tener un estilo de vida autosuficiente. Cualquiera puede tener una granja autosuficiente si se cuenta con una propiedad pequeña y un poco de paciencia. Si bien es cierto que se necesitan algunas cosas para empezar, lo más importante es definir la razón por la que quiere hacerlo. Con un buen motivo, usted puede cambiar drásticamente su vida cotidiana.

Puede que una o más de estas razones hayan despertado su interés en el *homesteading*. Explorar las razones por las que está interesado en tener un estilo de vida autosuficiente puede ayudarle a establecer sus objetivos y planes antes de empezar.

Mejorar su salud

Es bien sabido que comer frutas y verduras orgánicas es lo mejor para la salud. Gracias a esta creencia, la mayoría de las personas llegan a la conclusión de que cultivar sus propias frutas y verduras sería una mejor opción que comprar en las tiendas. Hay algo de verdad en que las frutas y verduras cultivadas en casa tienen más beneficios para la salud, mejor densidad nutricional y menos aditivos. Sin embargo, es importante adoptar un enfoque racional o científico cuando se habla de la relación entre la agricultura y la salud.

Veamos algunos datos breves que pueden ayudarle a determinar si esta es la razón correcta para que incursione en el mundo del *homesteading*:

- Los alimentos cultivados en casa tienen más nutrientes debido a que las verduras y las frutas comienzan a perder valor nutritivo luego de las 24 horas de su cosecha, por lo tanto, un alimento más fresco significa más beneficios nutricionales.

- No hay modificación genética, aunque en la actualidad no hay pruebas concluyentes de que los organismos genéticamente modificados (OGM) sean perjudiciales. Sin embargo, no son naturales y es probable que no sean beneficiosos.

- No se utilizan pesticidas, ceras u otros productos químicos dañinos. Usted tiene el control para evitar que sus alimentos tengan aditivos no deseados.

Junto con las frutas y verduras cultivadas en casa, también puede tomar decisiones más saludables a través de la cría de pollos, cabras y ganado. En esencia, lo que está haciendo con respecto a su salud es tomar el control de los procesos aplicados a la comida antes de que llegue a su mesa. No tiene que preocuparse por los pesticidas pues usted elige cuáles usar en su jardín. Muchos agricultores autosuficientes usan solo remedios naturales como el vinagre o los llamados "amigos del jardín", es decir, hierbas específicas que pueden ahuyentar a las plagas. Este nivel de control puede permitirle tener un estilo de vida mucho más saludable.

Por ejemplo, ¿sabía que hay al menos veintiuna frutas y verduras comunes, incluyendo los aguacates y las manzanas, que son tratadas con cera antes de llegar a los supermercados? Cuando se trata de la salud, no hace falta decir que lo orgánico es mejor. La cosecha propia también es mejor, siempre y cuando se tomen medidas para asegurar que la salud y la seguridad son su prioridad.

La experiencia educativa

¿Cuánto sabe sobre la comida que compra? ¿Conoce el ciclo de vida de una planta? ¿Y el período de incubación de los huevos de gallina?

La agricultura autosuficiente lo lleva a hacerse preguntas que nunca antes se le cruzarían por la mente. Le hace pensar en el crecimiento y el desarrollo como un ciclo en lugar de un viaje con un destino. Muchas personas que se dedican al *homesteading* mencionan que el desafío o la experiencia educativa que conlleva es una buena razón para empezar. Muchos otros afirman que empezaron a cultivar en casa porque tenían hijos y querían enseñarles el valor de cosechar sus propios alimentos y ser autosuficientes.

Si usted no está seguro de incluir la experiencia educativa como parte de su plan de metas, considere las brechas educativas que se presentarán cuando comience a cultivar en casa. Ya sea que quiera que la educación sea parte de su experiencia o no, será algo necesario para tener un huerto y rotaciones de cultivos exitosos. La mayoría de nuestras habilidades básicas de supervivencia y de vida se han perdido debido al desarrollo masivo de nuestra cadena de suministro de productos alimenticios. En cuanto a la economía, ha creado toneladas de empleos y ha ayudado a construir un elemento estable en nuestra sociedad cotidiana. Pero cuando se trata del desarrollo personal, es evidente que la mayoría de nosotros carece de las habilidades necesarias para vivir de forma independiente.

La conexión con la comida

Es fácil pasar por el autoservicio de un Burger King o pedir en KFC y olvidar que la hamburguesa alguna tuvo una vez una cara. Ahora, comer carne no es terriblemente malo. Sin embargo, es importante entender de dónde viene su comida y qué papel juega en su vida. Muchos de los que incluyen pollos, vacas lecheras o cabras en su plan de *homesteading* descubren que se conectan con los animales. Esto puede hacer que lidiar con la pérdida de un animal, o incluso su consumo, sea difícil de manejar en ciertos momentos. Esa conexión más profunda con la comida no solo puede hacer que aprecie más las contribuciones que estos animales hacen en nuestra vida diaria, sino también el papel que tiene el desperdicio de alimentos en la sociedad. Las personas que quieren conectarse mejor con los alimentos también pueden aspirar a llevar vidas sin desechos o a manejar mejor su conexión con la Tierra y la vida que nos rodea.

El *homesteading* puede cambiar drásticamente la forma de ver la comida y las fuentes de alimentos, tanto de forma financiera como emocional. Este es un aspecto que lleva a muy pocas personas a tomar la decisión de cultivar en casa. Y es probable que la mayoría de las personas de este grupo sean vegetarianas o veganos, ya que nuestros estilos de vida modernos nos han desconectado de la correlación entre los animales y la carne.

No importa la dieta que usted elija, tener una conexión más profunda con su comida puede cambiar esa relación exponencialmente. Si antes daba por sentado que los estantes del supermercado estaban repletos, de repente empezará a ver el ciclo de vida y la planificación que conlleva criar pollos o gestionar la rotación de cultivos. Incluso si esta no es la razón principal para iniciarse en el *homesteading*, es probable que sea un subproducto de esta experiencia.

Una mejor experiencia gastronómica casera

Comer en casa es algo que todos podemos disfrutar. Es muy probable que usted y la mayoría de la gente que conoce pueda cocinar mejor comida que la que normalmente consume cuando salen a cenar. Cuando se fija en las cadenas de restaurantes más frecuentadas, incluyendo aquellas que se dedican a las carnes y los postres, la mayoría de los platos del menú no son hechos dentro del local. Más bien se preparan en una fábrica, se empaquetan y luego generalmente se cocinan al vapor en una bolsa o se fríen en el lugar.

Pero dicho esto, ¿cómo una granja autosuficiente puede mejorar la comida casera? Tres factores principales pueden afectar sus experiencias gastronómicas en casa.

Primero, cuando los tomates, los huevos, las hierbas y el resto de los alimentos están frescos siempre saben mejor. La comida cultivada en casa siempre sabe mejor. Honestamente, podría decirse que es algo totalmente psicológico si no fuera por los químicos y tratamientos por los que pasa la comida de los supermercados. Ya hemos hablado de por qué la comida cultivada en casa es mejor, pero cuando se trata de preparar y comer comida, está el asunto de la frescura. Incluso si usted compra en supermercados de gama alta o de comida orgánica, los productos agrícolas pasan horas o incluso días en camiones que viajan al aire libre y bajo el sol; la comida simplemente no puede mantenerse fresca en esas condiciones. Cuando se trata de cultivar en casa, la comida va de la vid o la planta directo a su cocina o refrigerador. ¡No puede conseguir nada más fresco que eso!

Segundo, usted tiene un mayor control sobre los posibles contaminantes y el manejo de los ingredientes. El *homesteading* puede abrirle los ojos. Una agricultora autosuficiente explicó que empezó a dedicarse a ello después de saber que cerca del 95% de los productos del supermercado contenían maíz o subproductos del maíz. Ahora bien, en el caso de algunos productos como la mezcla de pan de maíz era comprensible, pero en otras cosas como los bocadillos de frutas, no lo era. Lo que es problemático con revelaciones como esta es que la mayoría de los alimentos en nuestros supermercados no son tan densos en nutrientes como deberían por la presencia de subproductos del maíz. Fue una de las cosas que le hizo cambiar de opinión acerca de comprar en las tiendas y ha ayudado a otros a ver las múltiples ventajas de este tipo de agricultura. Para muchos, datos como este son el primer paso de la experiencia educativa que viene con la decisión de dedicarse al *homesteading*.

Por último, tenemos un elemento psicológico. Es más probable que tenga más cuidado al preparar sus ingredientes cuando es usted quien trabaja duro para cultivar esas verduras u ordeñar esa vaca. Si se dedicó a nutrir esos pequeños tomates desde que eran brotes hasta convertirse en esferas sustanciosas maduradas por el sol, seguramente se va a molestar mucho más si la salsa no sale bien. Así que la solución natural es manejar bien los ingredientes y desarrollar habilidades culinarias.

Independencia de la cadena corporativa de suministro de productos

Hay muchos efectos sociales y económicos que experimentamos cada día debido a la cadena corporativa de suministro de productos, mejor conocida como el sistema alimentario estadounidense. Ahora bien, esto no se trata exclusivamente de vivir fuera del radar o "luchar contra el sistema". La agricultura autosuficiente puede ser beneficiosa para la economía local y fortalecer su papel y el de su vecino en la seguridad y estabilidad de la nación.

El sistema alimentario estadounidense se ha convertido en una serie de torneos donde los productores en masa compiten por espacio en los supermercados más populares de toda la nación. Es una imagen drásticamente diferente de lo que sucedía hace unas décadas, donde los agricultores contribuían a los supermercados locales o regionales. Hoy en día es extremadamente difícil para los agricultores locales competir con los principales productores agrícolas, aunque hoy en día está aumentando el nivel de concientización sobre el papel los pequeños agricultores y la necesidad de comprar localmente.

Depender de un sistema que alimenta a los supermercados principales perpetúa las dificultades que experimentan los agricultores y las economías locales. La libertad de esta estructura puede permitirle comer productos de temporada y manejar mejor o simplificar su vida en lo que se refiere a la comida. ¿Cuándo fue la última vez que vio algo más que las verduras generales en su tienda? Sería difícil encontrar ruibarbo en la mayoría de los supermercados comunes, incluso cuando esté en temporada.

Seguridad ante las compras nerviosas y situaciones económicas riesgosas

En tiempos de crisis, la gente acude de forma apresurada a los supermercados. La breve historia de las compras nerviosas incluye los 13 días previos a la crisis de los misiles en Cuba, las crisis del petróleo de 1973 y 1979, el efecto 2000 (Y2K), la recesión económica de 2008 y, por supuesto, el COVID-19 del 2020. Esos son seis casos importantes de compras nerviosas en menos de 60 años. Estos ejemplos se limitan a las compras por pánico de estilo de supervivencia, lo que significa que no incluimos las compras nerviosas cuando salió la nueva Coca-Cola o el resurgimiento de las compras por pánico de la *Crystal Pepsi*. Luego está la compra excesiva de cereales y dulces como los malvaviscos *Peeps* o los cereales *Frankenberry* y *Count Chocula*, y otros artículos de edición limitada.

Aparte de las compras por pánico, existen las situaciones económicas riesgosas. Hay momentos en los que la agricultura o las industrias de servicios de alimentos se ven comprometidas por eventos que no afectan en gran medida a otras industrias. Por ejemplo, el brote de la enfermedad de las vacas locas en 2003 hizo que los precios de la carne de vacuno se dispararan en varios países, aunque el Reino Unido fue el más afectado. Incluso impactó económicamente a países que en realidad no tenían casos de la enfermedad de las vacas locas. La industria agrícola no tiene que experimentar de nuevo el efecto a gran escala de las tormentas de polvo del *Dust Bowl* que tuvo lugar durante la Gran Depresión para que surja un problema económico. Una mala rotación de cultivos en Estados Unidos, especialmente un cultivo de maíz, puede llevar a extensos problemas, sobre todo en los supermercados. Puede que la gente no pierda sus trabajos o salga a comprar toneladas de papel higiénico a la vez, pero se enfrentarían a un aumento extremo de los precios debido a la escasez de los principales alimentos básicos de nuestra dieta.

Con una granja autosuficiente, no tiene que preocuparse por eso. Si cría y sacrifica su propio ganado o pollos, los cambios en el precio de la carne ya no serán un problema. En cambio, usted estaría más preocupado por la disponibilidad de la alfalfa. No tiene que preocuparse tanto por las compras nerviosas cuando sabe que la mayoría de los suministros de su casa provienen de materiales que usted mismo cultiva. Es posible utilizar ingredientes naturales cultivados en casa para crear una gran variedad de otros productos domésticos, incluyendo limpiadores, productos para el cuidado de la piel y el cuerpo y más. Muchas personas recurren al *homesteading* después de haber tenido una experiencia traumática con las compras por pánico. Las compras nerviosas llevan a una escasez real, lo que tiene un serio impacto en aquellas personas que se quedaron en casa y no salieron a hacer compras por pánico. Los únicos que no se ven afectados por las compras por pánico son las personas que cultivan sus propios alimentos.

Entienda las razones por las que se dedica al *homesteading*

Las razones personales que tenga para dedicarse al *homesteading* son probablemente buenas razones, aun si no están en la lista anterior. Lo que debe tener en cuenta cuando comience a planificar es la forma en que planteará sus objetivos, incluso cuando solo piense en la posibilidad de dedicarse a esto. El *homesteading*, especialmente el *homesteading* en el patio de su casa, requiere una fórmula muy específica para que sea exitoso. Se compone de dos partes de planificación, una parte de trabajo duro y una parte de mantenimiento constante. Los motivos que usted tenga dirigirán sus metas y lo pondrán en el camino para hacer un plan que le permitirá alcanzar esos objetivos. Por ello, es fundamental que entienda claramente las razones por las que quiere dedicarse al *homesteading*. Cuando la gente expresa que quiere tener este estilo de vida, enumeran algunas razones que en realidad son los frutos o el resultado del *homesteading*. Es como decir "quiero abrir una empresa para ganar dinero". Usted no tiene que ser dueño de un negocio para ganar dinero, así como tampoco tiene que tener una granja autosuficiente para simplificar su vida o controlar mejor sus elecciones dietéticas. Sin embargo, esos son grandes beneficios que vienen con el cultivo de su propia comida o la cría de sus propios pollos. Analicemos por qué la simplificación y el control de la dieta no son razones para dedicarse al *homesteading*, sino beneficios naturales.

Simplificar su vida no es algo inmediato que experimentará a través del *homesteading*. De hecho, complicará en gran medida su vida durante el primer año. Usted se preocupará por la salud de las plantas, las rotaciones del terreno, los métodos de plantación y la siembra. Añadirá numerosas tareas diarias a su horario como regar las plantas, alimentar a los pollos, recoger los huevos, quitar la maleza de las macetas o abrevaderos y más. Después de su primer año, cuando tenga un horario y sepa lo que funciona, probablemente tendrá una vida mucho más sencilla. No se preocupará por lo que hay que comprar en el supermercado, al menos en lo que respecta a las verduras. No tendrá que preocuparse tanto por la planificación del menú, o por cenar fuera tan a menudo, y ciertamente no tendrá que preocuparse tanto por su presupuesto. Si pensó que simplificar su vida era su razón para dedicarse al *homesteading*, podría considerar priorizar alguna de las razones anteriores para ayudarse a manejar sus objetivos y planificación.

Tener un mejor control de su dieta es otro beneficio directo del *homesteading*, pero si busca usar esto como la razón para incursionar en este mundo, podría reconsiderarlo y hacer que tener una mejor salud sea su razón o meta principal. A menudo, cuando las personas se unen al *homesteading* para limitar o restringir su dieta, se dan por vencidos o son demasiado restrictivos. Lo que usted decida plantar dictará lo que coma, y si solo planta vegetales para restringir su dieta, podría terminar creando demasiadas limitaciones que no son sostenibles para su salud. No importa cuál sea la razón para incursionar en el mundo del *homesteading*, la sostenibilidad es la base de una granja autosuficiente exitosa y una dieta saludable.

Si usted solo cultiva calabacines y tomates, no será sostenible. La diversidad, la nutrición y la estación del año tendrán un gran impacto en la planificación de su granja autosuficiente, y si controlar su dieta es la razón principal, es posible que tenga que replantearse la forma en que ve su propia dieta para alcanzar los objetivos relacionados con la salud, el bienestar, la producción casera de cultivos y, posiblemente, la cría de animales.

La razón que tenga para dedicarse al *homesteading* será muy significativa para usted y determinará la forma en que abordará el plan y la ejecución de la creación de una granja autosuficiente. En los capítulos siguientes, verá cómo las razones que usted tiene para dedicarse al *homesteading* formarán parte de la construcción de la auto-sostenibilidad, el diseño de su mini granja, la construcción de gallineros, la preparación de su cocina, y mucho más. Cuando están al inicio del camino, muy pocas personas comprenden por completo la repercusión que tiene el *homesteading* en los acontecimientos del día a día, pues se trata una experiencia de aprendizaje continuo, incluso para aquellos que se han dedicado a esto durante años. Tome la razón que eligió y conviértala en un estilo de vida para que tenga éxito en el *homesteading*.

Capítulo 2: Los 6 aspectos principales a considerar cuando se planifica una granja autosuficiente

Cuando se trabaja en la construcción de una granja autosuficiente, es necesario dividir un proyecto de tal magnitud en tareas más pequeñas que sean manejables. La planificación puede cambiar drásticamente el nivel de éxito de su proyecto y es algo que debe hacerse antes de comprar las primeras semillas. No solo aprenderá a planificar cada sección de su granja, sino que también desarrollará habilidades de planificación que necesitará para manejarla, compartir sus experiencias y conectarse con más personas a través de la comunidad de *homesteading*.

Entonces, ¿por dónde debería empezar? Deberá decidir qué aspectos del *homesteading* quiere integrar a su estilo de vida, y luego, determinar el resto de los elementos que vendrán de forma natural con esas elecciones.

Elija a cuáles de las siguientes tareas quiere dedicarse:
- Cultivar vegetales y tubérculos
- Cultivar hierbas

- Plantar árboles frutales
- Criar pollos
- Criar pollos con múltiples propósitos
- Criar cabras para el mantenimiento del terreno y para ordeñarlas
- Criar ganado lechero
- Criar ganado por su carne
- Conservar los alimentos a través los procesos de enlatado, deshidratación, congelación o en una bodega de raíces
- Hacer sus propios productos como mermeladas, conservas y productos lácteos

A medida que vaya considerando cada una de estas actividades, pregúntese lo siguiente:

- ¿Tengo suficiente espacio disponible?
- ¿El clima donde me encuentro es apropiado?
- ¿Qué equipo o mobiliario necesitaré?

Una vez que haya contestado estas preguntas, usted debe saber que eso no significa tener la respuesta definitiva acerca de si puede o no puede dedicarse al *homesteading*. Prácticamente cualquier persona puede hacer su hogar más sustentable a través del cultivo de alimentos y el reciclaje. Sin embargo, el significado de *homesteading* puede cambiar drásticamente dependiendo de la persona. Utilice esta lista para establecer sus prioridades y comprender sus limitaciones actuales.

Para ayudarlo a explorar sus posibilidades y limitaciones potenciales, dividiremos el proceso de planificación en cuatro partes.

1. El uso de la tierra
2. Las necesidades y límites de la casa
3. Las restricciones de ubicación
4. Las habilidades y destrezas

El uso de la tierra

Recuerde que la idea de dedicarse al *homesteading* es lograr vivir de forma autosuficiente. Para ello, solo se necesita cultivar la tierra de una manera que sustente su estilo de vida y le permita tener una dieta saludable. Por ejemplo, si usted no es la clase de persona a la que le gustan las frutas que crecen en los árboles, entonces concéntrese en cultivas bayas y uvas pasas. Además, una cosa ayudará a alimentar a la otra. En el huerto puede cultivar vegetales para alimentar a los pollos y las cabras y, al mismo tiempo, las cabras (con algo de rotación) ayudarán a mantener la tierra en buenas condiciones y a crear abono, además de producir leche. Una granja autosuficiente es el lugar donde nada se desperdicia. ¿Y qué sucede cuando hay algo que realmente no se puede utilizar y se convierte en desecho? Pues va a la pila de abono que ayuda crear un mejor suelo para el próximo año.

Considere cómo respondió a las preguntas anteriores y cuán importante es cada factor para usted en lo que respecta al *homesteading*. Si usted no tiene acceso a ciertos recursos, entonces puede que necesite cambiar la prioridad de algunos objetivos temporalmente.

Las necesidades y límites de la casa

¿Qué tan autosuficiente puede ser su hogar? Con una mente abierta, un toque de creatividad y algo de ingenio, puede ser capaz de restringir o incluso eliminar sus hábitos de compra habituales. Por supuesto, ¡nadie lo juzgará por hacer alguna compra de vez en cuando! Pero, ¡imagine si pudiera cultivar todas las verduras que consume en su patio trasero, con lo que posiblemente tendría una oferta mucho más diversa de la que puede encontrar en el supermercado! Puede tener todos los huevos que necesite para el año si tuviera solo unas pocas gallinas. Con una cabra o una vaca, puede tener un flujo regular de leche. Cuando se expanda e incluya conejos, tendrá acceso a una de las variedades de carne más caras, pero sin las etiquetas con precios altos.

"La felicidad pertenece a los autosuficientes". –Aristóteles

Así que, ahora que sabe que su hogar podría ser casi completamente autosuficiente, incluso hasta el punto de crear sus propios productos de limpieza y cuidado de la piel, se debe abordar el asunto del espacio y el almacenamiento.

¿Dónde y cómo almacenará o guardará sus productos? Algunos artículos pueden durar años en una repisa, como los melocotones en almíbar. Los melocotones son un producto que puede conservarse durante mucho tiempo si se envasan correctamente. Sin embargo, el árbol no dejará de producir más melocotones, así que, ¿qué hará con ellos? Como las plantas producen a su propio ritmo, usted también puede optar por:

● Comer al ritmo de la producción de la planta (una tarea difícil a menos que tenga una familia numerosa).

● Hacer encurtidos, enlatados, guardar en frascos o almacenar en un ambiente controlado.

● Vender o compartir el exceso de producción.

Parte de dedicarse al *homesteading* radica en aprender cómo se hacían las cosas no hace mucho tiempo. Tener una bodega de raíces o pasar los domingos encurtiendo huevos puede parecer arcaico, pero honestamente, estos son métodos probados e infalibles para la preservación de los cultivos. ¿Pero qué pasa si realmente usted se queda sin espacio para almacenar todo de forma adecuada? Que algo pueda ser envasado o enlatado no significa que se tenga la capacidad para seguir almacenando la nueva afluencia de productos durante semanas o meses.

La buena noticia es que siempre se puede compartir la riqueza, porque en la mayoría de los hogares con una granja autosuficiente, siempre hay un exceso constante. Si usted realmente se queda sin espacio para almacenar su cosecha, cualquier parte de ella, entonces compártala. Venda artículos frescos en un mercado local de granjeros o regale productos a sus vecinos y amigos. Esta es una gran manera de ser más amigable con los vecinos. Además, regalar una docena de huevos puede hacer que lo perdonen luego de una pelea por el ruido que hacen sus gallinas.

Ya hemos cubierto cómo se puede ser completamente autosuficiente y que existen otras opciones si se encuentra con limitaciones de espacio de almacenamiento. Pero, ¿qué hay del acceso a equipos y suministros o incluso a los medios financieros para empezar? Mucha se limita a decir "no puedo", pero no analizan la situación lo suficiente como para idear soluciones creativas. Sí, puede que necesite palés, madera, sierras (que son costosas), semillas (que también pueden llegar a ser caras) y ayuda de otras personas con el trabajo manual. Sin embargo, existen soluciones excelentes para todos estos desafíos. Si usted está teniendo problemas para superar estos obstáculos, aquí compartimos algunas soluciones creativas y menos costosas:

● Los palés son una excelente fuente de madera y a menudo se pueden comprar en los patios de carga de camiones por menos de 3 dólares por palé.

● Empiece con cultivos más baratos. Usted no necesita comenzar con una variedad rara de pepino, ¡solo necesita pepinos!

● Alquile el equipo en las ferreterías

● Pida prestadas las herramientas a amigos o familiares (y si quiere, ¡llámelos para que lo ayuden!)

El *homesteading* es complicado, y una de las cosas más difíciles para las personas es acostumbrarse a sustituir los "no puedo" por "lo resolveré". Sin embargo, se trata de un cambio de mentalidad muy poderoso. Nada puede detenerlo excepto las limitaciones de espacio, y cuando llegue a esas limitaciones, puede compartir o vender sus productos hasta que vuelva a estabilizar su rotación de cultivos y tenga espacio de nuevo.

Las restricciones financieras y de ubicación

La ubicación y las restricciones financieras plantean desafíos singulares que pueden ser difíciles de superar. Cuando se trata de la ubicación, su ciudad o condado pueden tener restricciones en cuanto a los niveles de ruido, el número de animales que puede tener en una propiedad, los lugares donde se puede excavar o si se pueden mover los servicios públicos en la propiedad. Además, si está alquilando su casa, puede que esté aún más restringido.

Comencemos con los problemas con el gobierno local. El mayor problema es instalar las tuberías y conexiones de agua y electricidad en su patio. Por lo general, el agua no es un inconveniente porque no la instalación suele ser igual de sencilla que la de un sistema de rociadores, y muchos hogares ya suelen tener uno. Sin embargo, la electricidad es un gran obstáculo. Si necesita conectar un calentador de agua y poner luces en su gallinero, es posible que deba instalar un cableado para que eso suceda, cosa para la que podría necesitar ciertos permisos de su ciudad. Las autoridades no quieren que haya peligro de incendio, que no se cumpla con los reglamentos eléctricos o de construcción locales o que se excave accidentalmente en una línea o red de servicios públicos ya existente. Estas son preocupaciones bastante razonables, así que si necesita mover el acceso a la electricidad, consulte con la oficina del condado sobre su propiedad y sus opciones. Tome en cuenta que los cables de extensión no son una solución a largo plazo, y pueden ser peligrosos, especialmente si tiene animales como pollos o cabras que pueden llegar a ellos y raer los cables.

Ahora, si usted está alquilado, es probable que tenga algunas restricciones. Sin embargo, puede crear estructuras plegables. Por ejemplo, la mayoría de los propietarios no se oponen a las jardineras, los jardines colgantes o los huertos con canales, siempre y cuando no causen daños duraderos al patio. También puede optar por dedicarse a la hidroponía en su garaje o alternativas similares para evitar que el patio se vea afectado. Estar alquilado es complicado y la situación varía de una persona a otra. Si usted está alquilado ahora, podría poner como prioridad ahorrar algo de dinero para comprar un terreno o participar en un huerto de la comunidad local en el que también puede cultivar y aprovechar los beneficios. Finalmente, podría explorar las opciones que tenga para pedir préstamos o subvenciones que ayudan a las granjas y haciendas pequeñas a comenzar. Puede encontrar más información sobre opciones de financiamiento en el capítulo 9.

También hay reglamentos de zonificación de animales que se aplican tanto a los propietarios como a los inquilinos. Estas regulaciones varían según el municipio y a menudo no tienen nada que ver con los niveles de ruido, sino con el espacio y la crianza humanitaria de los animales. En líneas generales, aunque en su área puede variar, suele haber un límite de dos vacas, cuatro ovejas o cabras, o dos cerdos en una propiedad de 2.000 m². Estas directrices suelen redactarse usando "o" en lugar de "y", lo que significa que se pueden tener dos vacas o dos cerdos, pero no ambos. También hay restricciones sobre el volumen total de animales, y restricciones específicas sobre cuántos pollos, perros e incluso gatos o conejos se pueden tener. Puede encontrar las regulaciones locales buscando en internet "regulaciones de zonificación de animales + (nombre de su condado)" o puede visitar la oficina del ente encargado de las regulaciones en su condado o ciudad.

Estos desafíos nos recuerdan que la planificación y la priorización pueden ayudarnos a superar muchos obstáculos. Pero con la ubicación y los obstáculos financieros, puede que haya algunas cosas que usted tenga que aceptar. Si su ciudad restringe los niveles de ruido y no permite pollos residenciales, entonces no podrá tener pollos en su residencia actual. Las regulaciones de la zonificación de los animales puede ser una dificultad. Aquí hay algunas opciones creativas para superar o solucionar los obstáculos comunes relacionados con la ubicación y las limitaciones financieras:

• Segmente su granja autosuficiente de manera que se ajuste a su presupuesto. Por ejemplo, construya un gallinero con sus ahorros en enero. Luego, en abril, construya el huerto cuando haga la declaración de impuestos. En mayo, compre las semillas; en julio, compre los árboles frutales; y en septiembre, instale el corral para las cabras.

• Hay recursos para conseguir financiamiento (subvenciones y préstamos) disponibles a través del gobierno a nivel federal, estatal e incluso a través de las oficinas de su condado o ciudad, dependiendo de dónde se ubique.

• Si no puede construir un huerto en casa, involúcrese con un huerto comunitario o ayude a crear uno cerca de su vecindario.

• Priorice los animales a elegir o utilice una combinación más pequeña para adherirse a la zonificación de los animales. Por ejemplo, tener una cabra, una vaca y cuatro pollos puede ser más factible que tener dos vacas y 10 pollos. Explore diferentes maneras de mantenerse dentro de las regulaciones locales priorizando sus objetivos de *homesteading* a corto y largo plazo.

• Si tiene problemas con el funcionamiento de la electricidad subterránea, consulte con un electricista local para determinar si puede instalar un cableado eléctrico de pared que sea seguro para diversos tipos de clima, los animales o los niños.

Destrezas y habilidades

Queda claro que con un poco de planificación creativa se pueden superar la mayoría de las limitaciones, pero ¿qué pasa con las cosas que no sabemos hacer? Bueno, dedicarse al *homesteading* es un proceso de aprendizaje continuo. Incluso después de haber dirigido una granja autosuficiente durante cinco o incluso diez años, seguiremos aprendiendo cosas nuevas. Sin embargo, durante los primeros tres años, nos enfrentaremos a una curva de aprendizaje pronunciada. Afortunadamente, no ser capaces de aprender algo la primera que lo intentamos, no significa que toda la mini granja fallará.

Puede que usted tenga que aprender a construir cosas con las manos, como maceteros o un gallinero. Usted necesitará aprender a cuidar y mantener las plantas y tal vez algunos animales pequeños. No obstante, además de lo anterior, puede que no se haya dado cuenta de que también debe aprender a planificar los cambios del clima e incluso desarrollar sus habilidades para tomar decisiones. Imagine que una ola de calor atraviesa su ciudad y que sus pobres pollos y conejos no tienen más alivio que el de la sombra natural, una sombra que apenas es de ayuda. ¿Qué hará? ¿Los rociará con agua? ¿Congelará botellas de agua y dejará que se amontonen alrededor para que encuentren sosiego en el dulce frío? Usted irá desarrollando habilidades y destrezas a medida que avance, pero al principio, lo ideal sería aprender sobre las mejores prácticas de horticultura y habilidades básicas de construcción. También puede que quiera perfeccionar sus habilidades de supraciclaje, ya que hace fluir las ideas creativas para el *homesteading*.

¿Cómo establecer metas realistas para su plan de *homesteading*?

Nada es más motivador que tener un objetivo que valga la pena, y cuando se trata del *homesteading*, tiene que pensar tanto a largo como a corto plazo. Sus objetivos le ayudarán a guiarse mientras construye la granja y la desarrolla durante los primeros años. Aquí hay algunos ejemplos de objetivos comunes para aquellos que son nuevos en este mundo. ¡Úselos para ayudarse cuando piense en sus propios objetivos!

Objetivos a largo plazo

- En 10 años o más: comprar un terreno para construir una granja autosuficiente grande
  - En 5 años: incluir novillos al rebaño de vacas
  - En años: criar conejos por la carne
  - En 1 año: criar pollos

Objetivos a corto plazo

- En 1 semana: planificar las rotaciones de cultivos y del huerto de temporada en un calendario
  - En 1 mes: construir tres jardineras
  - En 2 meses: plantar el primer huerto de temporada
  - En 3 meses: obtener todos los materiales necesarios para construir y poner en marcha un gallinero
  - En 4 meses: hacer espacio para una vaca lechera
  - En 4 meses: comenzar a conservar la primera cosecha
  - En 5 meses: comprar una vaca lechera
  - En 6 meses: eliminar los huevos de la lista de compras

Priorice los objetivos

Siempre priorice lo que es más importante para usted. Algunas cosas son más fáciles de manejar dependiendo de la época del año, así que considere eso. Pero además de las metas que se propuso, puede crear una lista de habilidades que necesite aprender para ayudarse a establecer sus prioridades. Si tomamos como ejemplo la lista de objetivos a corto plazo mencionada anteriormente, el primer objetivo se trata planificar las cosechas de temporada en un calendario. Eso significa que debe dedicar tiempo a investigar cuáles épocas del año son adecuadas para cultivar ciertas plantas. El segundo objetivo es construir jardineras, así que podría hacer esa investigación al mismo tiempo que planea su calendario porque muchos de los recursos pueden ser similares.

Cuando planee la construcción de su granja autosuficiente, puede parecer que cada gran hito está a semanas o meses de distancia. Pero si tiene un mapa de su patio y planea la distribución, puede empezar a buscar cosas para hacer ahora mismo. Puede preparar el patio, comprar la madera o familiarizarse con la circulación del aire y la proporción de sol y sombra de su propiedad. En una granja autosuficiente siempre habrá algo que hacer y usted puede empezar ahora mismo siempre que tenga un plan básico.

Capítulo 3: Planee la construcción de su mini granja

Cuando planifique la construcción de su granja autosuficiente, usted se convertirá rápidamente en un maestro de la gestión de proyectos, un experto en fijar objetivos y un hábil localizador de recursos. Posiblemente la parte más difícil de desarrollar una granja autosuficiente es la planificación inicial. Como Brett Brian dijo, "la agricultura es una profesión de esperanza", y toda la planificación que usted realizará en esta fase es para sembrar las semillas de la esperanza.

Establezca metas realistas en el plan

A medida que se planifica, no hay que olvidar que se deben fijar objetivos realistas. Esto no implica bajar sus expectativas, simplemente significa que sus objetivos deben ser razonables. Trabajar en el campo de la agricultura y la ganadería supone depender en gran medida de las leyes naturales y de la madre naturaleza. Si usted planta semillas hoy, ciertamente no podrá comer tomates mañana. Establecer metas realistas significa incluir el período de tiempo promedio requerido para cualquier actividad o proceso dado y asegurar que la meta sea medible. Aquí hay dos ejemplos de un buen objetivo y un objetivo menos realista:

Objetivo poco realista: Hacer maceteros y plantar semillas.

Objetivo realista: Comprar los materiales y hacer maceteros este fin de semana y establecer sistemas de abono y riego para comenzar la siembra el próximo fin de semana.

Hay dos diferencias principales entre ambos objetivos. A diferencia del primero, el segundo objetivo da un plazo de tiempo a ambos pasos y enumera las tareas necesarias que deben hacerse para lograrlo. Para hacer su planificación, puede usar el sistema de objetivos escalonado (un grupo de metas pequeñas con indicadores de avance), el sistema de objetivos "SMART" (objetivos específicos, medibles, alcanzables, realistas y con plazos temporales) o cualquier otra opción que se adapte a su personalidad; solo asegúrese de que todo tiene un plazo de tiempo o una fecha límite y que entiende todas las tareas necesarias para completar ese objetivo.

¿Qué sucede si usted no tiene un plan?

Todo será un desastre, un absoluto y total desastre. Mientras que hay muchas cosas en la vida que usted puede simplemente dejar fluir o para las que puede solo seguir la corriente, la agricultura no es una de ellas. Debe planear cada paso para la estación en la que esté y para la próxima. Debe planear cómo almacenará su cosecha en los meses venideros y lo que puede hacer para mejorar la eficiencia en las tareas diarias. Si deja que los árboles le impidan ver el bosque, estará perdido.

Imagine que hoy saliera a comprar pollos, pero no tuviera un gallinero. Los pollos tienen muchos depredadores naturales y los pollitos son diminutos. Un halcón podría venir fácilmente y arrasar con su nuevo rebaño o un coyote podría conseguirlos durante la noche. O imagine que hoy compra una jardinera con abrevadero y le echa unas semillas comunes, pero luego se da cuenta de que se acercan sus vacaciones de dos semanas y no hizo planes para que nadie cuide las plántulas.

Afortunadamente, es posible planearlo todo tomando en cuenta cualquier evento. Se puede planear tomando en cuenta las vacaciones, los eventos de fin de semana, el tiempo que se pasa en el trabajo o los cambios clima con las estaciones. Sin embargo, habrá momentos en los que, por desgracia, la planificación no funcionará. Las cosas cambian, lo inesperado sucede. Pero aun así, siempre es mejor tener un plan y adaptarse más tarde que no tener ningún plan.

"No prepararse es prepararse para fracasar". –Benjamin Franklin.

Consideraciones rápidas para planear la distribución de la granja

En el capítulo dos explicamos muchos elementos que deben considerarse cuidadosamente antes de empezar la planificación. No los repetiremos todos de nuevo, sino que le dejaremos una breve selección que podrá revisar rápidamente durante el resto de este capítulo:

- El acceso al agua
- La exposición al sol y el alcance de la sombra
- Algún desnivel en el terreno (¿necesitará nivelar o aplanar el terreno?)
- Los árboles y las estructuras existentes que no pueden moverse

Diseñe el mapa de la distribución de su mini granja

Todo el mundo tiene restricciones cuando se trata del terreno, incluso si usted tuviera hectáreas y hectáreas de propiedad. Sin embargo, las limitaciones de espacio no significan que usted no pueda tener una granja autosuficiente. De hecho, muchas personas logran tener una en menos media hectárea o incluso solo en menos de 1.000 m^2 de terreno. Si su patio trasero es solo un pequeño cuadrado, aún tiene muchas oportunidades para construir su granja.

Para empezar a planear cómo usará su terreno, siga estos pasos:

1. Mida el espacio en su patio y empiece a crear un mapa.

2. Marque la distancia a la que se encuentran los tomacorrientes y anote dónde puede usar cables de extensión para algunas ocasiones.

3. Marque en su mapa cualquier estructura grande, ya existente (centros de juego, glorietas o kioscos, cobertizos, etc.).

4. Marque en su mapa donde ya tiene acceso al agua.

5. Si tiene un patio con cemento, marque dónde termina el cemento y dónde comienza el patio.

Considere entonces cuánto espacio le dará a cada aspecto de su granja. Piense en cómo respondió a las preguntas anteriores y eche un vistazo al mapa. Luego usa algunas estructuras que tengan un tamaño aproximado al necesario para ayudarlo a planear el espacio.

El tamaño promedio de algunas estructuras que debe tener en cuenta

● Jardineras con abrevadero: generalmente miden 1,2m x 2,4m o 1,2m x 3,6m. Las jardineras con abrevadero también pueden tener múltiples niveles, ¡así que aprovéchelos para ahorrar espacio! Aunque pueden necesitar mucho sol.

● Gallineros: la mayoría mide 1,2m x1,2m o 1,2m x 2,4m con un corral de aproximadamente 1,2m x 2,4m (para hasta 10 pollos). Requieren sol y sombra.

● Corrales y pastizales para cabras: se puede optar por un corral nocturno con techo que mide aproximadamente 1,2m x 2,4m o un corral completo de 3m x 1,8m. Esto es así porque las cabras ocupan mucho espacio y requieren sol y sombra.

● Pastizales para las vacas lecheras: 4,5 m² por vaca.

● Árboles frutales: cada árbol necesita unos 6m x 6m aproximadamente.

● Arbustos de bayas: plántelos dejando entre 60 cm y 75 cm entre ellos.

● Las dimensiones de otros elementos como los cultivos de alfalfa, maíz y las pilas de abono se pueden ajustar según sus necesidades.

Cuando haga el mapa, sepa que no necesita tener mucho espacio en el patio trasero a menos que tenga hijos, e incluso si es así, a los niños les encanta jugar alrededor de los animales, de los árboles y del huerto. También puede reservar algo de espacio para un área con césped, un lugar con asientos o una zona de juegos, pero que no quede duda de que es posible tener una granja autosuficiente en menos de 1.000 m². El beneficio de tener jardineras con abrevaderos y diseños de cercas flexibles es que puede mover algunas cosas según sea necesario. Ahora, los cultivos, el gallinero, los árboles y los arbustos no se mueven tan fácilmente, por lo que debe asegurarse de que cuando haga la planificación inicial, ponga todo en un área que satisfaga todas sus necesidades para que no tenga que mover las cosas constantemente. Siempre es más sencillo planificar en exceso y hacer las cosas bien a verse obligado a mover un gallinero tres meses después cuando se dé cuenta de que no tiene sombra natural durante el día. Sin embargo, algunas de las necesidades y limitaciones de su hogar también pueden afectar el uso de la tierra. Por ejemplo, si necesita pollos, entonces deberá dedicar una buena cantidad de espacio a un gallinero y un corral. Además, si no dispone de los medios para conservar todos sus productos, podría reducir los objetivos del primer año para asegurarse de que no tendrá un exceso de producción, de lácteos y de huevos no utilizados.

Diseños de muestra para una granja autosuficiente en su patio

A medida que vaya haciendo los planos, tenga en cuenta que puede nivelar el terreno o quitar y añadir árboles o toldos para dar sombra. Si se da cuenta de que algo podría no funcionar, puede hacer nuevos planos.

Granjas autosuficientes de 0.10 hectáreas o 1.000 m²

En 1.000m² se puede tener un pequeño huerto de hierbas tan cerca de la puerta trasera como sea posible, y si hay espacio al lado, se pueden plantar dos o tres arbustos de bayas. Por lo general no son grandes y solo necesitan sol parcial y sombra parcial. Entonces, dentro del patio, debería tener lugar para tres maceteros o tres tramos de jardineras de 1,2m x 1,2m; 1,2m x 1,8m; o 1,2m x 2,4m. También debería tener espacio para dos árboles frutales, un pastizal para cabras o un pastizal para una sola vaca. Finalmente, también debería tener suficiente espacio para un gallinero de 1,2m x 1,2m con 1,2m adicionales para un corral de pollos.

Ese tipo de montaje debería dejar suficiente espacio libre para que sus hijos jueguen afuera o para tener un buen lugar donde sentarse. Sin embargo, la idea es mantener las plantas tan cerca de la puerta trasera como sea posible para que los animales estén más lejos. El área de los pollos puede ser la única cosa que quiera cambiar, ya que sería buena idea tener el gallinero cerca de una toma de corriente al aire libre que esté al lado de la casa. La mayoría de las casas tienen una o dos tomas de corriente que son seguras contra los cambios climáticos y dan al patio trasero, ya sea en la pared trasera o en la lateral. Estas serían útiles para las lámparas y los calentadores de agua.

Una alternativa es dividir las áreas verdes en dos pastizales e incluir el gallinero en uno de los pastizales. Ambos pastizales pueden contener árboles frutales. Luego, en el área de cemento del patio trasero, puede haber maceteros más pequeños que quepan en esta zona.

Granjas autosuficientes de 0,12 hectáreas o 1.200 m²

En una granja de 1.200 m² se tiene mucho más espacio, pero sigue siendo necesario tener una planificación eficiente. Una opción es segmentar un área de 1,2 m de profundidad a lo largo de toda la extensión de la línea trasera de la propiedad y usarla como pastizal para una cabra, una vaca o un cerdo. Al otro lado del pastizal, podría poner el gallinero con jaulas de conejo en el lado opuesto al de los pollos. Recuerde que los conejos son más inquietos que los pollos, así que es mejor alejarlos un poco de los animales más grandes sin importar qué tan bien se comporten.

En el área más grande y soleada del patio, coloque su huerto. Puedes optar por cavar en la tierra o usar maceteros. Solo asegúrese de tener suficiente espacio para caminar, quitar la maleza y cosechar. De nuevo, mantenga el huerto de hierbas tan cerca de la casa como sea posible. Considere la posibilidad de colocar árboles o arbustos de bayas en la sección menos utilizada del jardín. Esta disposición debería dejar suficiente espacio para poner un columpio o un área de juego y tal vez incluso un brasero. ¡Es posible tener una graja autosuficiente y disfrutar del patio trasero al mismo tiempo!

Granjas autosuficientes de 0,2 hectáreas o 2.000 m²

¡Ahora estamos halando de mucho espacio! 2.000 m² puede parecer poco, pero se trata de una mini granja, no de una granja de producción en masa, y en este caso, usted tiene espacio suficiente para disfrutar de cada elemento del *homesteading*.

Empieza por planear su vergel. Lo bueno de los vergeles es que no necesitan un terreno plano. Si es posible, mantenga el gallinero tan cerca del vergel como sea posible pues es una gran sombra natural y evita que suban las temperaturas durante los meses de verano. Junto con el área de aves de corral, también puede tener conejos. Si es posible, intente mantener a las cabras alejadas de los árboles, ya que les gusta comerse al árbol en sí mismo, no solo las hojas.

Luego, use una porción más grande del terreno allanado y el área soleada para las verduras, la alfalfa y las bayas. Puede cultivarlas en hileras o incluso vallarlas entre sí. Además, debería tener un área rectangular que se pueda segmentar para un pastizal de cabras o vacas. Intente mantenerlas lejos de la casa y reserve espacio para un gran contenedor de abono cerca de los pastizales.

Como siempre, los huertos de hierbas están mejor cerca de la casa, pero con huertos tan grandes, usted podría considerar plantar las hierbas dentro del huerto principal para mantener fuera las plagas. Muchas hierbas pueden disuadir a los bichos que de otra manera podrían devastar el huerto, y si se tiene uno más grande, se necesitará toda la ayuda posible.

Granjas autosuficientes de 0,4 hectáreas o 4.000 m²

¡Oh, todas las cosas que se pueden hacer con 4.000 m² de propiedad! Comience con el huerto de hierbas o utilice las hierbas para controlar las plagas menores en el área del huerto principal. También puede intentar separar el huerto de temporada del huerto perenne. Tanto el uso de maceteros como trabajar directamente en la tierra son buenas ideas, la diferencia es que en el primer caso usted puede reducir la cantidad de tiempo que pasará encorvado.

Luego, encuentre un rincón de su propiedad donde pueda hacer abono. Con esta cantidad de terreno, usted puede hacer una pila de abono al aire libre siempre y cuando no moleste a los vecinos. Después, dedíquese al área del vergel. Si el vergel está debidamente cercado, puede servir también como gallinero al aire libre, en cuyo caso debe poner el gallinero dentro del huerto. A los pollos les encanta correr y explorar, y la mayoría de las razas no vuelan bien, pero si nota que uno o dos de ellos se salen, puede cortarles las plumas al final de las esquinas de sus alas. Si está criando pollos por la carne, esta es muy buena opción.

Una vez que tiene el vergel y el huerto preparados, puede concentrarse en los pastizales. Una vez más, dentro de los límites de las leyes zonificación los animales, usted debería ser capaz de tener ovejas, cabras y una o dos vacas. Las ovejas y las cabras se llevan bien juntas, pero no las ponga con las vacas porque pueden intercambiar parásitos gastrointestinales no deseados, los cuales son muy dañinos para las vacas.

El tamaño no importa

Antes de continuar, hay una última cosa que es importante mencionar acerca de la planificación de su granja autosuficiente: casi todo es posible. Algunos agricultores autosuficientes exitosos trabajan con solo 500 m² de terreno. Para ello, usan jardines colgantes, tienen gallineros pequeños para dos o tres pollos y usan un contenedor de abono. No piense que necesita una gran cantidad de espacio para dedicarse al *homesteading*. Es posible que tenga que empezar con algo pequeño y luego ir creciendo.

Cerca del final de este libro, tenemos un capítulo sobre la expansión de su mini granja, lo cual puede significar crecer físicamente o añadir nuevos elementos. Lo importante es que casi siempre hay formas de empezar con lo que usted tiene ahora. Esta es una de las grandes lecciones del *homesteading*: siempre hay alguna manera de ingeniárselas.

Sáquele el máximo provecho a su terreno

Hay muchas maneras de usar el terreno de forma multifuncional, aunque, de nuevo, se necesita un poco de planificación para ejecutarlo eficazmente. Los pastizales, gallineros, vergeles, bayas y huertos no necesitan espacios separados. Además, si usted se asegura de que usa el terreno de la forma más eficiente posible, puedes facilitar el flujo de las cosechas y el mantenimiento.

Por ejemplo, en uno de los diseños de muestra explicados anteriormente, el huerto formaba parte del pastizal de las vacas. Eso fue posible porque los árboles necesitaban unos 20 metros cuadrados cada uno y las vacas necesitaban un pastizal de 3m x 3m, lo que significa que podía tener dos árboles junto a las dos vacas. Las vacas y los huertos funcionan bien juntos porque, a diferencia de las cabras, las vacas no deberían intentar comerse la corteza o las ramas colgantes de los árboles (aunque les gusta frotarse contra ellas).

Otra elección común es mantener juntas a las ovejas y las cabras. Sus temperamentos se mezclan bien, aunque se podría considerar castrar a los machos para evitar el mestizaje, ya que rara vez funciona bien.

Podemos ver algunos ejemplos de cómo hacer más fácil el flujo de trabajo y la cosecha. Inicialmente, mucha gente elige mantener el huerto de hierbas en el alféizar de la cocina, ya que así las hierbas son de fácil acceso y no ocupan espacio exterior. Otra opción es poner el vergel o los arbustos de bayas en un lado del patio que no tenga mucho tráfico peatonal, ya que estas plantas se cosecharán con menos frecuencia. También puede mantener los pastizales o corrales cerca de la pila de abono. Por último, considere cómo será la alimentación y la rotación de las comidas según la cosecha. ¿Les dará a los conejos verduras frescas? ¿Por qué no los pone cerca del jardín?

Sentarse a trazar un plan puede parecer muy abrumador, pero es importante entender que incluso con 1.000 m² de tierra, hay mil y una maneras de hacer una planificación exitosa de su granja autosuficiente. No se agobie y recuerde que si es necesario, usted puede cambiar el diseño. Aunque cambiar el diseño es una molestia, siempre es posible.

Capítulo 4: Seleccione el suministro de semillas y cultivares

Las semillas y cultivares que usted elija dictarán principalmente lo que obtendrá de su granja autosuficiente. Las decisiones que tome aquí determinarán la mayor parte de las plantas de su dieta. Puede elegir entre una mayor variedad de opciones de semillas y plantas, las cuales podrían estar disponibles en la tienda. Sin embargo, hay muchos factores que intervienen en la toma de estas decisiones. El primer paso es decidir si usará semillas, cultivares o una mezcla de ambos.

¿Cuál es la diferencia entre las semillas y los cultivares?

Explicar las semillas es bastante sencillo. Simplemente son semillas. Algunas son extremadamente caras y generalmente es mejor que las obtenga de un proveedor de semillas con buena reputación en lugar de los paquetes de papel que puede encontrar en las tiendas. Si los paquetes de papel han funcionado para usted anteriormente, entonces apéguese a lo que le funciona. De lo contrario, podría buscar en internet para explorar las opciones de semillas después de decidir qué quiere cultivar con exactitud.

Por otro lado, los cultivares son un enfoque completamente diferente de la plantación. Los cultivares provienen de la propia planta; son una porción de un árbol, un recorte de una planta, o algo similar. Se puede hacer con todo tipo de frutas y verduras; por ejemplo, se puede cultivar una nueva planta de apio a partir del corazón de una planta vieja. Sin embargo, los cultivares, a excepción de los árboles frutales, son a menudo una decepción. Normalmente, estas plantas no pueden mantenerse o producir vegetales de alto valor. Además, si se utilizan las semillas de estas plantas, a menudo producen el mismo resultado deslucido. Ahora, los cultivares pueden darse de forma natural. Sin embargo, muchos de los cultivares que se encuentran en el mercado hoy en día son plantas patentadas y con licencia, lo que significa que usted no está comprando un producto natural de una planta, sino algo creado con un propósito. Algunos de estos propósitos tienen sentido. Un ejemplo es el arbusto "bola de fuego", que a través del cultivo, convirtiéndolo en un cultivar, se ha vuelto más compacto.

Tal vez la mejor analogía para explicar la diferencia entre semillas y cultivares es la cría de perros. Las semillas son el escenario natural de un perro que se encuentra con otro y tiene cachorros. Los cultivares, o al menos los cultivares modernos, son más parecidos a los criaderos de cachorros. A través del entrecruzamiento excesivo y el control de los genes, se produce un organismo con rasgos muy específicos. Desafortunadamente, los rasgos se han vuelto tan específicos que son inestables.

Como nuevo propietario de una granja autosuficiente, usted puede elegir usar una mezcla de semillas y cultivares. Puede ser más fácil comenzar con los cultivares, incluso si su vida útil no es excepcionalmente fructífera o larga. También puede ser difícil decidir de inmediato qué semillas desea exactamente, por lo que el uso de cultivares durante una estación a la vez puede ayudar a retrasar esa decisión.

Construir un huerto para cada estación y clima

Sería maravilloso que el cielo fuera el límite en lo que respecta a la horticultura, pero todo el mundo tiene que tomar en cuenta la estación y el clima. Como nuevo agricultor autosuficiente, resulta razonable temerle a los meses de invierno que tienden a destruir los huertos. Sin embargo, hay una gran variedad de vegetales de invierno y opciones de cultivo muy resistentes.

Hemos intentado desglosar sus opciones considerando estas restricciones tanto como ha sido posible, por lo que puede volver a este capítulo cuando planifique sus cultivos de temporada para facilitar las cosas. Ahora, aunque hay muchos climas diferentes, debido a la nueva tecnología y a los métodos de agricultura mejorados, es posible cultivar cosas a las que normalmente no les iría bien en su entorno. Aunque no se pueda cultivar un árbol de aguacate en el desierto de Nuevo México de forma simple, podría ser posible.

Primavera

- Espárragos
- Aguacates
- Brócoli
- Repollo
- Zanahorias
- Apio
- Col rizada
- Rábanos
- Ruibarbo
- Fresas
- Acelgas
- Cebollas
- Setas o champiñones
- Lechuga

- Ajo
- Guisantes

Verano

- Ocra o quimbombó
- Habas o frijoles de lima
- Frambuesas
- Fresas
- Calabaza de verano
- Tomatillo
- Tomates
- Calabacín
- Berenjena
- Maíz
- Ajo
- Cerezas
- Apio
- Zanahorias
- Melón
- Arándanos
- Moras
- Pimientos

Otoño (casi todos los cultivos de verano son apropiados para otoño):

- Papas o patatas
- Peras
- Calabazas
- Nabas o colinabos
- Papas dulces o batatas
- Ñames
- Acelgas suizas
- Arándanos
- Jengibre

Invierno

- Zanahorias
- Apio
- Col berza
- Col rizada
- Puerro o ajoporro
- Cebollas
- Calabazas
- Acelgas
- Zapallo o calabaza de invierno
- Nabos

10 vegetales perennes para cultivar durante todo el año

Algunas plantas son perennes, lo que significa que se pueden producir durante todo el año e incluso durante más de dos años en algunos casos. A menudo, estos son los vegetales y granos que se encuentran en la mayoría de las dietas modernas.

Entonces, ¿qué se puede cultivar casi en cualquier lugar y durante todo el año? Los siguientes diez vegetales crecerán en cualquier momento del año si se los cuida de forma adecuada:

- Tomates: pueden cultivarse durante años, pero no pueden sobrevivir a un invierno duro en el que el suelo se congele por completo. Puede llevar sus tomates al interior durante el invierno o usar elementos de calefacción externos que sean seguros para el clima.

- Pimientos: sobreviven a casi todos los climas, pero pueden necesitar estar en interiores durante el invierno.

- Berenjenas: estos vegetales pueden cultivarse durante todo el año. Sin embargo, a menudo se tratan como una planta anual.

- Ocras o quimbombós: pueden crecer hasta los 2.1 metros de altura.

- Chayotera o guatila: es una hortaliza de vid que permanece inactiva durante el invierno, pero que se da desde el principio de la primavera hasta el final del otoño.

- Rábano picante: se trata de una planta con raíces que normalmente se cosecha en invierno para curar resfriados fuertes, pero que se puede consumir todo el año.

- Cebollas: algunas variedades se pueden cultivar durante todo el año, incluyendo los puerros perennes, las cebollas egipcias y las cebollas perla.

- Alcachofas: es una planta muy resistente similar a las papas, específicamente la alcachofa de Jerusalén o tupinambo. Pero tenga cuidado, pueden crecer y extenderse como un incendio forestal, por lo que es posible que necesiten su propio recipiente para no ahogar a las otras plantas.

- Achicoria roja o radicchio: es una estrella de las ensaladas y similar a la col, la cual requiere del sol y reaparecerá cada primavera, aunque permanecen latentes en otoño e invierno.

- Col rizada: crece bien en climas cálidos y fríos y generalmente se la conoce como un "súper cultivo", además de que está llena de nutrientes.

Tenga en cuenta que tal vez no quiera cultivar estas verduras durante todo el año o tal vez necesite separar su huerto perenne de su huerto de temporada.

Plantas que solo crecen en ciertos climas

Podría sorprenderle descubrir que los tomates no son originarios de Italia. De hecho, llegaron a Italia por medio de un barco español que había venido de Perú. Hasta el momento en que los tomates llegaron a Europa, solo habían prosperado en el clima peruano. Durante años fueron domesticados y mejorados para ser tan resistentes que hoy son una de las plantas favoritas de los agricultores principiantes.

Sin embargo, hay algunas plantas que son demasiado difíciles de cultivar; la mayoría son plantas húmedas o tropicales. Ejemplos de estas plantas incluyen las verduras asiáticas, la col china, el bok choi y las lechugas tropicales como la malva de ensalada, e incluso el ñame o malanga. Estos solo se dan bien en climas cálidos y con alta humedad.

¿Qué pueden hacer las flores por su huerto?

Los jardines de flores se ven hermosos y los huertos son útiles, pero ¿por qué mantenerlos separados? Pocos productores principiantes conocen el potencial de tener flores en su huerto. Tienen beneficios excepcionales y pueden ayudarlo a desarrollar sus habilidades para la agricultura, ya que requieren de un poco más de atención que la mayoría de los vegetales que eligen los principiantes al inicio.

Las flores tienen tres propósitos principales en un huerto:

● Promover la polinización, lo que se traduce en una mayor producción y una vida vegetal más larga.

● Actuar como un señuelo para impedir la invasión de plagas, ya que los áfidos y otras plagas a menudo prefieren las flores a los vegetales.

● Atraer a los insectos depredadores y así traerá a los insectos que se alimentan de áfidos y otras plagas de los huertos.

Las flores atraen más insectos polinizadores que no solo pueden ayudar a fertilizar las flores, sino también los tomates, los frijoles, los calabacines, los guisantes y cualquier cultivo que dependa de la polinización. Además, son como un pequeño sacrificio. Si los áfidos deben elegir entre tomates y cosmos (una especie de flor), acudirán en masa a las flores. Luego están los insectos depredadores, como las avispas y los sírfidos, los cuales se comerán a los pulgones y a casi cualquier otro insecto del que puedan alimentarse.

Conozca las variedades de las semillas

Normalmente, cuando se habla de variedades de semillas, la gente se refiere a las diferentes variedades de plantas vegetales y frutales que tienen en su propiedad. Sin embargo, hay diferentes tipos de semillas propiamente dichas que se pueden comprar para plantar. Lo siguiente es la información que usted verá en las etiquetas de las semillas, y aunque puede ser un poco difícil de entender al principio, es importante saber lo que se está comprando.

De polinización abierta

Estas semillas provienen de plantas que se mejoraron naturalmente en un campo o en un entorno de crecimiento general. Por lo general, estas cepas son mucho más estables porque la mejora vegetal se hizo generación tras generación y deberían producir plantas similares a la planta madre.

Tradicionales o autóctonas

Son plantas de polinización abierta que fueron cultivadas por rasgos específicos durante un mínimo de 50 años. Es por eso que las variedades de tomate reliquia o de herencia son a menudo tan fáciles de distinguir. Los tomates reliquia son conocidos por su resistencia, lo que puede hacerlos una mejor opción para las personas que no tienen experiencia previa con la agricultura.

Híbridas

En el caso de las híbridas, se utiliza la mejora vegetal intencional para cruzar dos plantas diferentes o incluso dos especies diferentes. Sin embargo, las híbridas se alteran en el campo a través de un medio "natural" de polinización y cultivo. Las híbridas corren el riesgo de ser estériles, y pueden no reproducirse "de verdad", es decir, pueden no producir exactamente lo que el cultivador pretendía.

Organismos modificados genéticamente (OGM)

Los OGM son exactamente lo que usted probablemente sospecha que son, es decir, organismos modificados genéticamente. Se fabrican en un laboratorio y suelen estar patentados, lo que da lugar a etiquetas de marca y es un reto encontrarlos en el mercado local de cultivos.

Tratadas con fusión celular CMS (esterilidad masculina citoplasmática)

Se trata de un método para alterar genéticamente la semilla a través de un tipo de proceso de OGM. El rasgo modificado es eliminado de las posibilidades genéticas futuras, lo que significa que proviene de un OGM, pero no comparte las mismas modificaciones genéticas que la planta madre.

¿Por qué es importante saber todo esto sobre las plantas y las semillas? Como se ha señalado anteriormente, las tradicionales pueden ser más fáciles de cultivar. Además, los híbridos pueden tener una mayor densidad de nutrientes o una mejor disposición para su clima. Aunque estos son detalles de los que no querrá preocuparse durante su primera temporada, es algo que debe considerar cuando investigue más a fondo sobre la compra de semillas.

Utilice sus preferencias personales cuando planee su suministro de semillas

Los tomates son generalmente fáciles de cultivar en una amplia variedad de climas y pueden crecer todo el año si se manejan correctamente. Pero, si a usted no le gustan los tomates, no los cultive. Piense en lo que come ahora y en lo que le gustaría introducir en su dieta. Intente ser lo más diverso posible y considere plantar diferentes variedades dentro de la misma familia, como las papas amarillas y las papas rojas.

Al final, usted no querrá tener un jardín lleno de cosas que no le guste comer. Parte del rol de tener una granja autosuficiente es desarrollar la autosostenibilidad dentro de su hogar, lo que significa menos viajes para comprar en el supermercado o cenar afuera. Tenga en cuenta que su huerto puede incluir más que las verduras que son el centro de atención en el plato de la cena. Muchos cultivan col rizada solo para hacer jugo o batidos y otros cultivan pimientos para sazonar y dar sabor a la comida. Incluso las flores mencionadas anteriormente son en gran medida comestibles. Por ejemplo, el trébol y la caléndula son comestibles pero tienen funciones muy diferentes en la mesa.

Use su gusto personal para sentar las bases de lo que le gustaría ver en su huerto. Luego, determine en qué estaciones prosperan esas opciones y si hay plantas adicionales que se pueden agregar al huerto para apoyar su crecimiento y ampliar la variedad de opciones que tenga disponibles en la cocina.

Podría parecer que toda esta investigación sobre semillas es innecesaria o tal vez exagerada. Sin embargo, se ahorrará mucho tiempo y esfuerzo si invierte su energía en elegir plantas que usted disfrute comiendo, que puedan ser cosechadas en una rotación fácil de manejar y que aguanten mejor las enfermedades vegetales.

Capítulo 5: ¿Cómo seleccionar los pollos y construir un gallinero?

Las gallinas pueden ser un elemento extremadamente valioso en cualquier granja autosuficiente. No solo producen huevos, sino que también son una fuente de fertilizante y, al mismo tiempo, excelentes mascotas. Sin embargo, como cualquier otro animal, implican bastante trabajo. No es tan fácil como meterlas en el gallinero y comprobar si hay huevos cada tantos días. Requieren cuidados diarios, pueden enfermarse y pueden necesitar ayuda especial tanto en las estaciones frías como en las cálidas. La presencia de huevos también puede atraer a criaturas no deseadas como serpientes, mofetas, zarigüeyas, ratas, mapaches y cuervos.

Aunque existe el riesgo de que atraigan plagas, vale la pena invertir en ellas y buscarles un sitio dentro de la granja autosuficiente. Lo que tendrá que hacer es planear cómo las alojará, alimentará y mantendrá el ambiente limpio. Afortunadamente, la forma en que planeará estas cosas generalmente no varía según el tipo de gallinas que tenga.

Seleccione las gallinas adecuadas para su granja autosuficiente

Al elegir las gallinas, deberá tener en cuenta el volumen de producción de huevos, su resistencia y su capacidad para mejorar su granja de otras maneras. Por ejemplo, algunas gallinas son excelentes para el control de plagas. Aunque pueden invitar a pequeños mamíferos no deseados, también pueden controlar los insectos en la propiedad. Otras son una buena alternativa si usted quiere producir carne y huevos al mismo tiempo.

Los tres tipos principales de gallinas que estudiaremos a continuación son las razas de herencia, las razas alternativas y las razas conocidas en inglés como *momma hen* o "mamá gallina".

Razas de herencia

Generalmente, las razas de herencia corresponden a las razas de gallinas más comunes. Estas incluyen a las *leghorn* blancas, las *Rhode Island* rojas y las *black australorp*. Existen algunas diferencias básicas entre ellas, especialmente en cuanto a producción y temperamento. Son fáciles de distinguir por el color y el tamaño.

Por lo general, los agricultores autosuficientes tienen al menos una variedad correspondiente a las razas de herencia y muchos principiantes tienen las tres. Se suele empezar con las razas de herencia porque todas son bastante fuertes. Sin embargo, cada quien tiene sus preferencias, e incluir las tres razas sirve como experimento para ver qué opciones se adaptan mejor a sus necesidades.

Las *leghorn* blancas

Las gallinas *leghorn* blancas, como el famoso pollo de los dibujos animados, el Gallo Claudio, son posiblemente el tipo de gallina más común. Son las típicas gallinas de plumas blancas con pico amarillo y cresta o barbilla roja. Ponen entre 250 y 300 huevos por año y su puesta de huevos depende en gran medida del clima y la seguridad. Son quizás la raza de gallinas más consistente cuando se trata de la producción de huevos.

Las *leghorn* blancas suelen tener un comportamiento dócil. Su temperamento es tranquilo, pero en gran medida les gusta que las dejen solas; no son el tipo de gallina que se compra como animal de apoyo o para servir como mascota. Los gallos de esta raza pueden volverse agresivos.

Las Rhode Island rojas

Estas gallinas ponen los codiciados huevos marrones y producen regularmente unos 280 huevos por año. Son una gran elección para los que se inician en el mundo de las granjas autosuficientes porque son una raza muy resistente que soporta bien tanto los climas fríos como los cálidos. Se les reconoce fácilmente por sus bonitas plumas rojas y son generalmente más pequeños y robustos que las gallinas *leghorn*.

Estas gallinas son tranquilas, aunque los gallos pueden volverse agresivos, tal como sucede con las *leghorn*. Las *Rhode Island* rojas también son grandes recolectoras y van activamente tras los insectos. Si usted busca una opción con mejor comportamiento que las *leghorn* y está dispuesto a sacrificar una porción de la producción de huevos, puede elegir a los *Rhode Island* rojas.

Las *australorp* negras

Las gallinas *australorp* pondrán entre 200 y 240 huevos en un año, un número de huevos ligeramente menor que el de las otras dos razas de herencia. Se les puede distinguir fácilmente por sus plumas negras con reflejos casi verdes. Generalmente son bonitas y pueden llegar a ser bastante grandes. Son bastante gentiles, pero también pueden ser tímidas, ya que tienden a asustarse más fácilmente que la mayoría de las otras razas.

Originalmente, las *australorp* negras provenían de una raza inglesa llamada *black orpington* para aumentar la producción de huevos sin aumentar el tamaño del ave o disminuir la calidad de la carne. Si usted está buscando un ave para la producción de carne y huevos, entonces definitivamente debería considerar a las *australorp* negras.

Razas alternativas

Las razas alternativas a menudo son mezclas de una o más razas criadas juntas para un propósito específico, el cual suele ser aprovechar la calidad de la carne y la resistencia de estas gallinas cuando se trata de soportar algunas condiciones climáticas. Estas razas son generalmente más resistentes, más tranquilas y más económicas, ya que su producción no se ve afectada por el espacio. Las razas alternativas también son excelentes para los entornos urbanos. Si usted no cuenta con mucho terreno, estas son la mejor opción.

Las California blancas

¡Estas gallinas son máquinas de producir de huevos! Normalmente ponen unos 300 huevos al año y tienen muy poca fluctuación en la producción entre una temporada y otra. Son resistentes al invierno y les va bien cuando están confinadas, y esto es justo lo que las hace tan deseables para aquellos en ambientes pequeños. Ponen huevos blancos y son más pequeñas que las *leghorn*, aunque se trata de una raza mixta entre una *leghorn* y otras razas varias.

Finalmente, las california blancas son muy tranquilas y dóciles. Si el ruido que puedan hacer las gallinas es una de sus preocupaciones, las california blancas son lo que usted necesita. Si sabe que sus vecinos tendrían problemas con bandadas más ruidosas, una bandada de california blancas sería lo mejor. Lo que disuade a la mayoría de las personas que se están iniciando en la cría de gallinas de elegir esta raza, es que son cluecas, lo que significa que quieren empollar huevos. Por lo tanto, pueden ser algo agresivas cuando se van a recoger los huevos o algunas gallinas pueden negarse rotundamente a salir de los ponederos.

Cinnamon queens o Reina de canela

Son rojas, robustas y ponedoras de huevos con una producción elevada. Debido a su cría híbrida, la Reina de canela, mejor conocida como *cinnamon queen,* se desarrolla y comienza a poner huevos rápidamente. Tienen plumas que van del rojo oscuro en la parte superior de su cuerpo hasta el rojo claro en la parte inferior. Sus patas son mayormente amarillas y su pico es de un color entre canela y dorado. Ponen entre 250 y 300 huevos por año, pero dejan de producir a temprana edad, lo que significa que después de unos años usted podría tener muchas gallinas retiradas que no estarán produciendo, pero que seguirán drenando los recursos de la granja como el alimento, el agua y el espacio.

Además, hay cierta preocupación por los problemas de salud que presentan las *cinnamon queen*. Muchas personas han reportado que mueren muy pronto, lo que puede ser extremadamente desagradable. Estas declaraciones no son sorpresivas, ya que la *cinnamon queen* es una gallina "de diseño" con genes de gallinas rojas, lo que es el equivalente a una raza de perros de diseño que han sido criados de forma indiscriminada, generándoles así numerosos problemas de salud.

Sex Links rojas y negras

Las gallinas *sex link* rojas y negras no son inherentemente una raza alternativa, sino una colección de razas más pequeñas. Estas razas, incluyendo las *cinnamon queen* y muchas otras, fueron criadas con el propósito específico de obtener una alta producción de huevos. Eso significa que a menudo ponen más de 300 huevos por año. Pero no se engañe, una mayor producción de huevos a menudo viene acompañada de varios problemas de salud, mal temperamento y un carácter muy activo. Tampoco les va bien en los climas fríos.

Si se tiene un gran terreno, entonces que sean muy activas no es un problema, pero es desalentador cuando no se sabe cómo ayudar a los posibles problemas de salud, particularmente para los criadores de gallinas principiantes. Por supuesto, muchas de estas gallinas viven una vida plena y libre de enfermedades. Es solo una de las muchas posibilidades que hay que repasar antes de elegir cuáles gallinas comprar.

Criar pollos para sacrificarlos

La mayoría de los pollos que usted elegiría para poner huevos no son las mejores opciones para la producción de carne. En este caso, las mejores opciones son los pollos de Cornualles y los pollos de raza rock. Además, usted puede elegir los *freedom rangers*, que generalmente crecen más lentamente, o los *Plymouth barred rock*, que generalmente producen más carne que las variedades *cornish* o rock. Sin embargo, la carne no es de la misma calidad.

Hay una diferencia significativa entre los pollos destinados a la producción de carne y los destinados a la producción de huevos. Cuando se trata de pollos destinados a la producción de carne, las razas de herencia incluyen a los pollos de Cornualles, los pollos rock y los *freedom rangers*. Estos pollos son bien conocidos por su comportamiento amistoso y su tendencia natural a la exploración. No quieren estar atrapados en un pequeño gallinero durante toda su vida, sino que quieren tener la libertad de deambular por ahí.

Cuando considere criar pollos para carne, usted tendrá que hacerse las siguientes preguntas:

- ¿Puedo dar a esos pollos una buena vida y una muerte humana?
- ¿Puedo mantener financieramente a los pollos que podrían no generar beneficios para la granja durante meses?
- ¿Criaré razas de herencia o híbridas de cruce de Cornualles?

La primera pregunta planteada puede ayudarlo a determinar qué tipo de pollos elegirá si los cría para ser sacrificados. Si no puede darles una buena vida y una muerte humana, entonces generalmente debería evitar criar pollos para carne. Sin embargo, si le preocupa darles una buena vida durante unos pocos años, eso podría cambiar su perspectiva. La mayoría de los pollos para producción de carne son sacrificados sin crueldad antes de cumplir los ocho meses de edad. Usted no tiene que darle a este pollo un hogar por dos o tres años. Simplemente tiene que darle comida, agua y refugio durante unos meses. Luego tendrá que preocuparse de cómo puede sacrificarlos de forma humana. Hay algunas herramientas diferentes para ayudar a los granjeros con esto, y a medida que vaya desarrollando su granja autosuficiente, usted aprenderá rápidamente que la muerte de los animales es uno de los elementos que tendrá que enfrentar en algunas ocasiones.

Cuando se trata de los elementos financieros, hay algunas concepciones erróneas. El momento en el que se empieza a criar pollos es uno de los pocos en los que sale más caro dedicarse al *homesteading* que ir al supermercado. La inversión inicial para criar pollos implicará un gallinero, acceso a agua, comederos y ponederos. Luego habrá gastos recurrentes para los pollos, incluyendo agua y pienso. Si se calcula el costo de los primeros meses criando pollos para la producción de carne, definitivamente parecerá que gastar 2,99 dólares por medio kilo de carne de muslo de pollo en el supermercado es más barato. Sin embargo, una vez que se familiarice con las altas y bajas de la crianza de pollos para producir carne, los costos iniciales y los costos recurrentes se equilibrarán.

Entonces, ¿usted criará pollos de herencia o híbridos de Cornualles para la producción de carne? Mucha gente se anima a usar pollos de herencia por varias razones. En primer lugar, su curiosidad natural para explorar y correr puede ayudar con el control de plagas y la suciedad. En segundo lugar, como siempre están en constante movimiento, su carne a menudo tiene un sabor más natural. Por último, con frecuencia son grandes mascotas de compañía para otros pollos y cabras.

Sin embargo, los híbridos cruzados de Cornualles son una historia diferente. Estos pollos fueron criados para sentarse, pararse y comer. No están interesados en interactuar con otros animales o en explorar el patio. De hecho, a los híbridos cruzados de Cornualles les va mejor cuando se mantienen en un espacio muy pequeño y confinado con poca luz las 24 horas del día. Y si aún no lo ha adivinado... sí, esas son exactamente las condiciones en las que se crían los pollos en granjas de producción masiva de dudosa ética. Esta raza a menudo sufre de enfermedades, de ataques al corazón causados por el estrés y de huesos rotos. La cría selectiva utilizada para producir los híbridos cruzados de Cornualles resultó en una estructura corporal inestable.

¿Se necesita un gallo para que las gallinas pongan huevos?

Una concepción errónea que se cree con frecuencia es que se necesita tener un gallo en la propiedad para que las gallinas pongan huevos. Los dueños de las tiendas de alimentos locales a menudo perpetúan esta creencia y también hay una cantidad sustancial de información errónea sobre este tema en internet.

Una gallina no necesita un gallo para poner huevos. Sin embargo, si usted planea criar pollos, tener un gallo es absolutamente necesario. Lo único que el gallo hace es fertilizar los huevos. Sin embargo, muchas personas que se dedican al *homesteading* creen que tener un gallo en la propiedad sirve como una especie de protección para las gallinas o que tal vez las gallinas son más productivas cuando un gallo está cerca porque sienten que el ambiente es más seguro.

Cuando usted decida si va a tener un gallo o no, hágase las siguientes preguntas:

- ¿Criaré pollitos?

- ¿Mis gallinas estarán cerca de posibles amenazas? (Incluso amenazas percibidas como un perro)
- ¿Quiero tener huevos fertilizados?

Las *momma hen*: las sedosas y las *brahma*

Acabamos de abordar brevemente el propósito de los gallos en una granja. Ahora vamos a tocar el papel de las gallinas mamá, que son aquellas que empollarán huevos. Ya sea que elijan usar razas de pollos de herencia o alternativas para la producción de huevos, no es probable que esas gallinas empollen los huevos. Si usted tiene una gallina en particular que está empollando (o clueca), esto no es necesariamente algo bueno. Una gallina que está empollando puede volverse agresiva si intenta recoger los huevos y puede deprimirse o estresarse si continúa quitándoselos. Usted no quiere tener una gallina de herencia de raza alternativa empollando huevos. Entonces, ¿qué puede hacer si usted quiere criar sus propias gallinas?

La respuesta es traer una o dos gallinas mamá. Las mejores suelen ser las sedosas (o *silkies* en inglés) o las *brahma*. Estas son gallinas con las que probablemente no contarás para producir huevos o carne. Lo que hacen es un trabajo de maternidad. Empollan los huevos, los protegen y son muy bondadosas. Son tan deseables que algunas personas deciden tenerlas como mascotas.

Las sedosas

Las gallinas sedosas, o *silkies,* son conocidas por sus rasgos similares a la seda, por su temperamento dócil y porque les encanta que las sostengan. Las gallinas sedosas no lucen como las gallinas regulares. Son muy suaves y peludas y normalmente crecen demasiado, aunque algunas subrazas pueden ser más grandes que el estándar.

Las brahma

Las gallinas *brahma*, a diferencia de las sedosas, son generalmente mucho más grandes que la gallina promedio. De hecho, una de sus razas gigantes atrajo bastante atención en los noticieros cuando una de las gallinas alcanzó su altura máxima de casi un metro. En promedio, una gallina *brahma* crecerá hasta unos 75 centímetros de altura y pesará más de 5 kilos. También tienen una esperanza de vida muy larga, ya que les toma casi tres años alcanzar su tamaño completo.

Otros factores a considerer cuando se crían gallinas

Además de los tipos de gallina que se tienen que elegir, existen otros factores a considerar. Por ejemplo, si usted tiene coyotes o lobos, querrá asegurarse de tener un gallinero muy seguro. También tendrá que planificar dónde almacenará los huevos. No es probable que usted sea capaz de comer cientos o incluso miles de huevos en un año. Algunos los regalan, otros los venden en los mercados locales, mientras que otros los congelan o los preparan en escabeche para almacenarlos.

Estos son solo algunos factores a considerar y podrían ayudar a determinar qué tipo de gallinero construir. Por ejemplo, si llueve mucho en donde usted se encuentra, entonces debería considerar seriamente un gallinero que esté a unos centímetros del suelo para que no se inunde con frecuencia.

Construir un gallinero

Todos los gallineros tienen los mismos elementos básicos. Usted deberá crear una estructura para proteger a los pollos del mal tiempo y darles un espacio seguro para poner los huevos. El gallinero no necesita ser complejo o elaborado. De hecho, cuanto más simple sea el gallinero, más fácil será mantenerlo. Puede ser agradable imaginar que les dará a sus pollos una mansión lujosa con todos los complementos imaginables, pero eso no es razonable.

Empiece por determinar cuántos pollos tendrá. Cada pollo necesita alrededor de 1,2 m^2 de espacio para caminar. También está el debate sobre el número de cajas de ponedores que se necesitan. Las gallinas compartirán los espacios de anidación, pero si quiere que su bandada crezca con el tiempo, podría ser mejor incluir más espacios de anidación en lugar de tratar de añadirlos en el futuro.

No hay nombres establecidos para los diferentes estilos de gallineros, pero aquí se explican algunas formas básicas para que pueda hacerse una idea de las opciones disponibles. El estilo más común de gallinero es el de cobertizo con marco; el gallinero en sí parece un cobertizo al aire libre con un espacio de alambre instalado al lado. También está el estilo de marco en A, el cual se parece un poco más a una tienda de campaña apuntalada. Puede crear un gallinero con un estilo de gazebo o kiosco que normalmente está abierto por los lados con una estructura con forma de palacio sobre el suelo. La estructura más funcional y ahorradora de espacio es la de estilo cobertizo, por lo que esa es la que abordaremos aquí para ayudarlo a aprender a construir un gallinero. Si usted interesado en un gallinero con marco en forma de A o gazebo, puede buscar en internet una estructura prefabricada o un conjunto de planos. Construir cualquier estructura que no sea del estilo estándar de cobertizo puede requerir habilidades de construcción más avanzadas. Por supuesto, cualquier constructor experto puede crear gallineros con diseño personalizado y de forma única que se ajusten a su patio.

Después de decidir cuántos pollos tendrá y el estilo de cobertizo que le gustaría, tendrá que decidir en qué parte del patio los colocará. Cuando se trabaja en desarrollar una granja autosuficiente en el patio trasero de la casa o en crear una mini granja, la ubicación es un gran problema. La bandada tiene ciertas exigencias y eso puede cambiar la forma en que se organiza la granja autosuficiente. La bandada necesitará sol, acceso a la sombra, buen flujo de aire y bajos niveles de ruido. Por otro lado, usted necesitará tener acceso fácil para poder entrar y salir cómodamente. Trate de considerar diferentes lugares y pase algún tiempo en esas áreas primero para tener una idea del nivel de ruido y el flujo de aire.

A continuación, planifique la construcción del gallinero, y si usted utiliza una estructura básica compartida, es tan simple como incluir cuatro paredes, un piso, un techo, una región exterior enjaulada, ponederos y una puerta. También necesitará ventanas o lamas de ventilación y un lugar designado para el comedero y el bebedero.

Los elementos adicionales que usted podría considerar añadir al gallinero incluyen un posadero, un lugar para los baños de polvo, iluminación y tablones de excremento. Si está considerando agregar algún extra, priorice la iluminación y los tablones para el excremento. La iluminación es un elemento que puede ayudar a mejorar la producción de huevos, particularmente durante los meses de invierno, por lo que debe haber iluminación UVA y UVB directamente en el área cerrada del gallinero. Tener luces en el gallinero significa que se necesita acceso a la electricidad, y si donde usted vive suele haber inviernos duros, también la necesitará para los calentadores de agua. Si es posible, asegúrese de que el gallinero tendrá acceso a la electricidad. Ahora, los tablones para excremento son un pequeño extra que no requiere mucho trabajo y puede ahorrarle mucho tiempo en el mantenimiento de su granja autosuficiente. El tablón para el excremento se coloca debajo de la zona de posadero y debe deslizarse fácilmente dentro y fuera del gallinero.

Una vez que tenga el plan esbozado, usted estará listo para seleccionar los materiales. La mayoría de los que construyen su propio gallinero prefieren la madera y el tipo de madera que se elija no es tan importante. Se puede elegir algo asequible y no hay necesidad de adquirir madera como el cedro, cuyo propósito es alejar a las plagas. Las gallinas recibirán con gusto la compañía de los insectos. Además de todos los materiales de madera, se necesitará una malla o tela metálica. Este tipo de alambre está tejido lo suficientemente flojo para que un buen flujo de aire pueda pasar a través de él, pero no tan flojo como para que los pollos puedan escapar.

El mejor tamaño posible para la mayoría de las mini granjas es una estructura de 1,2 x 1,2 x 1,8 metros para diez pollos, y luego un gallinero adicional de 1,2 x 2,4 m. Hay numerosos opciones de planos gratuitos se pueden consultar al momento de construir. Sin embargo, si usted puede poner un piso, cuatro paredes, una puerta y un techo, no tendrá ningún problema. Tal vez el mejor recurso para esta tarea sean los numerosos video tutoriales de bricolaje que hay disponibles en internet. Si usted aún no está familiarizado con la construcción, este es un gran lugar para empezar, incluso si ya hizo un plan escrito, pues es mejor ver a alguien construir una estructura o conseguir ayuda manual.

Si le preocupa conseguir los materiales y el equipo, tenga en cuenta que puede alquilar la mayor parte de lo que se necesita. En las ferreterías locales e incluso en las cadenas más grandes, le cortarán los materiales ahí mismo en la tienda y le pueden alquilar herramientas grandes. Eso significa que no tiene que invertir en una sierra circular o en equipo pesado. Las gallinas pueden tener un rol fundamental en su granja autosuficiente y construirles un buen gallinero vale la pena el esfuerzo.

Capítulo 6: Prepare su cocina para el homesteading

La mayoría de la gente usa su cocina para la cocina general y el almacenamiento de alimentos, pero una granja autosuficiente va mucho más allá del uso general. Cuando se tiene una granja autosuficiente, se le debe dar algo de alegría a la cocina, porque se le va a dar un uso que va mucho más allá de lo general. Usted no se limitará a poner algo en el horno de vez en cuando ni pondrá la olla en una hornilla la noche anterior, sino que su cocina se usará para otras tareas relacionadas con el *homesteading* además de cocinar. La usará para enlatar, envasar y otras formas de conservación de alimentos, e incluso para procesar alimentos de un estado crudo a otro, como convertir la leche en yogur.

Su cocina deberá la capacidad de manejar el almacenamiento de frutas, verduras y productos cárnicos con facilidad. Eso significa que necesitará tener todas las herramientas necesarias para procesar estos productos, y luego habilidades de almacenamiento para conservarlos y manejarlos adecuadamente. En un capítulo posterior nos adentraremos en las técnicas de almacenamiento a largo plazo; por ahora, nos centraremos en los suministros que necesitará y en cómo aprovechar al máximo el espacio de su cocina.

Cuando se prepara la cocina para una granja autosuficiente, es cierto que debería ser muy funcional, pero también debe ser un refugio seguro. Para asegurarse de que usted pueda disfrutar de su cocina y minimizar cualquier frustración relacionada con esta, comience por verificar que tiene todos los suministros adecuados.

Lista de suministros

Una parte del *homesteading* se trata de aprender a usar lo que se tiene. Usted debería empezar por tener lo básico y luego añadir algunas cosas que generalmente pueden ayudarlo a hacer su vida más fácil o la cocina más segura. Esta lista tiene algunas cosas de las que probablemente podría prescindir, pero que probablemente querrá tener a mano cuando llegue el momento de cocinar, organizar y preparar la comida.

Antes de que nos sumerjamos en la lista, tenemos que resaltar la importancia de la calidad. Compre lo que pueda, pero si es posible, compre lo mejor que pueda. Es mucho mejor tener un set que incluya un sartén y una cacerola de hierro fundido de buena calidad que comprar un juego de sartenes barato y una cacerola menos resistente. Además, cuando se compran artículos de mayor calidad, normalmente significa que no llenaremos la casa de trastos que realmente no son necesarios. Por último, hay que tomar en cuenta el cuidado. Cuando algo es más caro o de mayor calidad, generalmente lo cuidamos más. El hierro fundido es un buen ejemplo de esto porque es una material que requiere mantenimiento después de cada uso, ¡pero esa olla o cacerola puede durar más de cien años! Duran tanto tiempo porque la gente que las usa sabe que cuidarlas es vital.

Entonces, ¿qué es exactamente lo que usted necesita para empezar? La siguiente lista incluye todo lo que sería bueno tener en una cocina. Generalmente, lo ideal sería tener al menos uno de cada cosa, y normalmente, es suficiente con un solo artículo para cada propósito. Por ejemplo, no es necesario tener tres sartenes para saltear, aunque sean de diferentes tamaños.

Lista de artículos para la cocina

- Cuchillos: en la categoría de cuchillos aquellos imprescindibles incluyen un cuchillo de chef, un cuchillo de pan y un cuchillo de carnicero. Sin embargo, un juego completo con cuchillos para pelar y cuchillos para carne es una excelente opción también.
- Tijeras: tijeras de cocina y tijeras para trocear aves de corral.
- Ollas: una olla grande para hacer enlatados a baño maría y caldo, aunque las ollas más pequeñas también son muy útiles.
- Utensilios de madera: opte por una cuchara tradicional, una cuchara con ranuras, una espátula y una cuchara para pasta. En general, los utensilios de madera son mejores en comparación con sus homólogos de metal.
- Hierro fundido: debe tener una sartén de este material, aunque tener una cacerola de hierro fundido también puede ser extremadamente útil.
- Tazas medidoras: cualquier juego sirve; si se dedica a hornear con frecuencia, una taza de medir de 1 ½ es muy útil.
- Coladores o tapas de porcelana.
- Tazones para mezclar.
- Tablas de cortar.
- Balanza de cocina.
- Rodillo.
- Paneras: la mayoría de las personas que se dedican al *homesteading* hacen su propio pan, y para eso, las paneras son extremadamente útiles.

Lista de electrodomésticos para la cocina

- Horno y cocina o estufa.
- Refrigerador.
- Congelador: un congelador horizontal es muy útil si se tiene una granja autosuficiente.
- Fregadero: considere la cantidad de tiempo que pasará en su cocina; un fregadero más grande puede ser un gran alivio de estrés al evitar que sienta que el fregadero está siempre lleno.
- Batidora: no importa si es de pedestal, de mano o de inmersión, ¡todas son buenas opciones! Si usted quiere hornear con frecuencia, considere la posibilidad de invertir en una *Kitchen Aid* o un modelo comercial, pues podría ahorrarse una cantidad sustancial de tiempo.
- Licuadora
- Procesador de alimentos: ¡le ahorrará un montón de tiempo a la hora de picar!
- Termómetro: no bastará solo con un termómetro de carne, consiga un termómetro de caramelo para hornear y hacer caramelos.
- Un balde para las sobras o una caja de abono de cocina.

Equipo de cocina opcional – Los lujos de una cocina para *homesteading*

- Panificadora o máquina para hacer pan: la mayoría horneará pan.
- Enlatadora a presión: olvídese de hacer sus enlatados en una olla.
- Deshidratador.
- Molino de carne.
- Empacador de salchichas
- Máquina para hacer pasta: una opción adicional para las batidoras de pedestal.

- Cortadora de carne.

- Protector de alimentos (sistema de sellado al vacío): puede reducir considerablemente las quemaduras por congelación y la demanda de espacio de almacenamiento.

Decidir si usar estas herramientas y la forma en que se haga depende completamente de usted. Considere sus preferencias personales, pero no tenga miedo de salir de su zona de confort. Muchas personas que no han usado una batidora antes pueden preferir una batidora de mano y eventualmente pasar a una batidora de pedestal. De todos modos, es probable que nunca haya usado una enlatadora a presión o una panificadora. Recuerde que parte de la satisfacción del *homesteading* es probar cosas nuevas y aprender a hacer sus propios productos en lugar recurrir al supermercado. La autosuficiencia siempre requerirá de algo de aprendizaje adicional y un poco de diversión.

Herramientas y suministros de *homesteading* para su cocina

Hay algunas herramientas que solo necesitarán aquellos que se dediquen al *homesteading*. Pueden ser usadas para el sacrificio humanitario (o matanza ética de animales), soluciones de almacenamiento y conservación a largo plazo. Estas herramientas tienen funciones muy específicas que probablemente necesite incluso si está haciendo lo más básico del *homesteading*, como la horticultura y la cría de pollos.

Herramientas y suministros de *homesteading*

- Cultivo o fermento de yogur: viene tanto en forma seca como líquida.

- Yogurtera eléctrica: no es un artículo imprescindible, pero sí un buen complemento para su cocina.

- Levadura: para hacer pan.

- Frascos de vidrio para enlatar: conseguir varios tamaños es importante, además de tapas y anillos.

- Bandejas de horno: cuanto más, mejor.
- Contenedores: mantendrán los productos secos y las plagas como las polillas fuera, además de reducir la probabilidad de que hayan gorgojos.
- Suministros para la fabricación de queso: cuchillo para cuajada, moldes para queso, prensa para queso, esteras para escurrir queso, cera para queso, envoltorios para queso y muselina para mantequilla.

Estos suministros ayudan a la manipulación y almacenamiento de muchos productos lácteos. Incluso si usted no tiene una vaca lechera en su granja, puede usar la leche pasteurizada que compra en la tienda para hacer yogur y queso. Si su objetivo es tener algún día una vaca lechera, ciertamente puede comenzar a trabajar en sus habilidades para hacer yogur y queso para estar preparado para cuando tenga una cantidad sustancial de leche en su casa.

Herramientas especiales para una granja autosuficiente

Algunas granjas autosuficientes requieren herramientas muy específicas relacionadas con la cocina. Estas herramientas las utilizan agricultores autosuficientes más avanzados y pueden no aplicarse directamente a sus planes iniciales de cultivo.

Primero, tenemos el sacrificio selectivo de conejos, conocido en inglés como *rabbit culling*. Se trata de una forma de "remover al conejo de la manada", lo que puede significar darle al conejo un nuevo hogar o usarlo para consumir su carne. Generalmente, aquellos que se dedican al *homesteading* emplean este término u otros como "eliminación" o "despachar" porque es la mejor manera posible de reemplazar la palabra "matanza". Esto es así porque mucha gente se apega a los animales, pero de todas forman los utilizan para su propósito, es decir, la producción de carne.

Una herramienta especial para despachar o sacrificar conejos selectivamente se llama *Hopper Popper*. Esta herramienta proporciona una forma humana de sacrificar a los conejos y el tamaño más pequeño disponible también funciona para los pollos. Aunque no es una herramienta de "cocina", mucha gente la monta en un cobertizo o a un lado de la casa, lejos de los conejos o pollos restantes, y es una sólida alternativa a las otras formas menos agradables de sacrificar animales.

Los compostadores son otra herramienta especializada. Usted puede tener dos compostadores separados: uno en la cocina y uno en el exterior. Al ser una herramienta especializada, usted podría considerar tener una caja de compost cerrada que debería ayudar a reducir cualquier hedor en su cocina, ya que la caja no se abre directamente al abono, sino que tiene un proceso de vertido de los desechos de dos pasos.

¿Cómo organizarse y mantenerse así?

Organizarse es una cosa; mantenerse organizado es otra. Pero, con algunas opciones buenas que ofrezcan soluciones de planificación y almacenamiento, usted puede hacer que mantenerse organizado sea fácil. A medida que vaya revisando lo que necesitará en términos de espacio, podrá evaluar mejor las formas en que puede manipular el espacio de cocina que ya tiene. ¡No hay absolutamente ninguna razón para hacer una renovación completa de la cocina si se quiere tener una granja autosuficiente! Sin embargo, usted podría considerar añadir repisas, un estante de alambre y soluciones de almacenamiento en la despensa, tales como estanterías apilables.

Paso uno: Evalúe su espacio

Deberá evaluar cuidadosamente dónde y cómo utiliza actualmente sus gabinetes y cualquier otra repisa de su cocina. ¡Las despensas son los principales lugares para almacenar los artículos que se usan todos los días! Camine por su cocina con un bloc de notas y anote qué artículos guarda y dónde lo hace. Esa caja repleta de cosas innecesarias que pasará meses en un estante hasta que lleguen las próximas vacaciones no merece tener un espacio privilegiado en la despensa. Además, sus alacenas no tienen que contener solo platos y vasos.

Después de hacer un inventario de su cocina y del espacio que tiene, revise cada artículo y determine la frecuencia con la que lo usa. Si usted realmente recurre a las nueces picadas cada mañana porque le encantan con el desayuno, entonces manténgalas afuera y disponibles. Pero si solo las usa una vez a la semana para hornear, o incluso con menos frecuencia, considere la posibilidad de trasladarlas a un área a la que se tenga menos acceso.

Paso dos: Deshágase de lo que no necesita

El desorden no es nada de lo que avergonzarse. Todo el mundo lo tiene. Pero cuando usted prepara su cocina para convertirla en una parte crítica de una granja autosuficiente, es hora de hacer una buena limpieza y eliminar todo el desorden actual. Tenga en cuenta que no importa cuánto lo intente, el desorden siempre volverá a aparecer, así que no se desanime si tiene que volver a reorganizar todo en seis meses.

Cuando organice, considere seguir las siguientes instrucciones:

- Guarde solo una de cada cosa que necesita (una taza medidora con capacidad para una taza o solo una cuchara con ranuras).
- Guarde las cosas unas dentro de otras y apílelas (apile los vasos en la alacena y también apile las ollas juntas).
- Pregúntese, "¿tengo algo más que cumpla la misma función?"

u Olvídese del acalorado debate entre tener una ponchera y una jarra para servir o entre tener una arrocera y una olla. Para algunas cosas no se necesita tener un aparato sofisticado o un duplicado. Ahora es el momento de eliminar los aparatos de cocina innecesarios (especialmente aquellos que cumplen una sola función).

• Pregúntese, "¿con qué frecuencia uso esto?"

o Haga pilas para reorganizar su cocina en función de la frecuencia con la que usa los artículos. Los artículos de uso diario deben guardarse tan cerca de las encimeras como sea posible o en un lugar al que se tenga fácil acceso. Los artículos de uso semanal se deben poner en los espacios periféricos y los de uso mensual deben ir a un lugar donde estén escondidos o fuera de la vista.

• Pregúntese, "¿cuál es el lugar más lógico para guardar este artículo?"

o Asegúrese de que los utensilios más usados estén donde más los necesita, como cerca de la estufa. Luego considere mantener las cosas que sean similares juntas, en el lugar donde mejor sirvan a su propósito.

Deshacerse de lo que no necesita y reorganizar no se trata de tirarlo todo a la basura. Se trata de asegurarse de que lo que usted tiene está a mano o almacenado lógicamente.

Paso tres: Organice todo, incluso el almacenamiento de alimentos

Ante de que guarde todo lo que estuvo revisando en el paso anterior, marque los armarios, las alacenas y la despensa con lo que le gustaría poner allí. Lo ayudará a evitar que se arruine el sistema de organización y a devolver las cosas al lugar donde siempre estuvieron. No tenga miedo de dejar las cosas en la encimera si realmente las usa todos los días. Así que si usted hace arroz todos los días para la cena, ¡deje el contenedor de arroz en la encimera!

Consejos para organizar

• Almacene los alimentos secos en recipientes o contenedores grandes y transparentes para que usted vea fácilmente la cantidad que tienen.

• Si usted compra a granel, entonces mantenga un "contenedor de cocina" en la cocina y guarde el resto en un área de almacenamiento para los productos que compre a granel.

• Mantenga juntos los artículos similares, es decir, las latas van con las latas, los granos van con los granos, los frijoles van con los frijoles y así sucesivamente.

• Mantenga una lista de inventario impresa en una tabla sujetapapeles colgada en algún lugar fácil de ver cuando usted esté en la cocina. Luego, cuando haya usado todo menos lo último de algo, agréguelo a la lista de compras, la lista para preparar más de ese producto o la lista para volver a planear su plantación. De esta forma no se reducirá la cantidad tan rápidamente.

• No tenga miedo de almacenar cosas en diferentes lugares. Por ejemplo, si usted usa miel todos los días, pero la compra a granel, entonces mantenga el suministro a granel guardado y una cantidad suficiente para que le dure toda la semana en la cocina, donde pueda acceder a ella fácilmente.

• Añada estantes de pared. Con esto, inmediatamente se añade espacio de almacenamiento, y si usa frascos o contenedores, esta solución de almacenamiento también puede tener un aspecto bastante elegante.

• Añada almacenamiento apilable en su despensa. Con estantes apilables para la alacena o con cajones apilables, usted puede casi duplicar el espacio de la despensa.

Cuando trabaje en su cocina, puede que necesite reorganizar las cosas unas cuantas veces antes de encontrar un sistema completo que funcione para usted. Si en ese momento usted no está seguro de la frecuencia con la que usará algo o necesitará acceder a él, utilice notas adhesivas. Ponga notas adhesivas en los objetos y luego quítelas cuando los haya usado. Al final de la semana, todo lo que no tenga una nota adhesiva merece un lugar privilegiado. Luego, repita el proceso durante el mes con un color diferente de notas adhesivas al de los artículos ya aprobados, para que no confunda sus artículos más usados con los que utiliza con frecuencia. Esto también puede hacerlo para facilitar la administración de la rotación del almacenamiento.

Eventualmente, su cocina se convertirá en el centro de su granja autosuficiente. No tenga miedo de hacer cambios al sistema si le van a ayudar a rastrear y monitorear mejor el inventario y acceder fácilmente a todos los utensilios de cocina.

Capítulo 7: Coseche y preserve los frutos de su trabajo

Incluso con excelentes habilidades de planificación, no hay manera de que usted pueda comer todo lo que sale de su huerto o de su gallinero a diario. Si se tiene en cuenta que las gallinas probablemente pondrán un huevo cada día, y que usted probablemente tendrá entre cuatro y seis gallinas, se tendría que comer de cuatro a seis huevos al día. Esa es una receta rápida para tener el colesterol alto y una dieta aburrida. Sin embargo, usando métodos modernos y tradicionales de conservación de alimentos, usted puede asegurarse de que su despensa y refrigerador estén abastecidos con sus productos favoritos todo el año.

Las técnicas de conservación de alimentos caseras han sido probadas y evaluadas. Cientos de generaciones han utilizado algunas de estas técnicas en el pasado y han vivido para contarlo. Aunque a usted le parezcan nuevas, o incluso completamente extrañas, deles una oportunidad. Aprenderá que algo que antes le parecía aterrador es en realidad una actividad en la que usted es bueno. El enlatado, por ejemplo, asusta a mucha gente debido al riesgo de botulismo y otras enfermedades derivadas de un enlatado inadecuado. Sin embargo, el proceso de enlatado es muy fácil y probablemente lo haga bien en su primer intento. Por lo tanto, dele una oportunidad a estas opciones y aproveche cada una para conservar su comida el mayor tiempo posible.

Para comenzar, aquí hay una lista de diferentes formas de almacenar y preservar los alimentos:

- Enlatado: se usa una combinación de presión e interacción natural entre los materiales.

- Congelación.

- Deshidratación: se trata de simplemente correr aire de tibia a caliente alrededor de frutas, verduras y carne para producir versiones secas.

- Bodega de raíces: originalmente se trataba de una estructura subterránea, aunque las versiones modernas incluyen cobertizos y estructuras sobre el suelo, lo que proporciona una condición fresca y semihúmeda similar a la del cajón de vegetales de su refrigerador.

- Encurtido: se trata de la conservación en vinagre o salmuera.

- Mermeladas y jaleas: cuando no se abren, las mermeladas caseras pueden durar entre uno y dos años en una repisa.

- La salazón de carnes: la carne puede durar entre uno y dos meses cuando es salada, incluso sin refrigeración. La salazón de carnes es un método antiguo de almacenamiento de alimentos.

- Fermentación: se trata del proceso de utilizar la levadura o el grano para cultivar bacterias beneficiosas y prolongar la vida de los alimentos. Ejemplos comunes de alimentos fermentados incluyen el chucrut y el kimchi. Los alimentos fermentados almacenados en un lugar fresco y oscuro pueden durar entre 4 y 18 meses.

- Kéfir de agua (o tíbicos): es un cultivo probiótico que dura entre dos y tres semanas en el refrigerador y hasta dos meses en el congelador.

- Kéfir: se trata de leche fermentada parecida al yogur que dura entre dos y tres semanas en la nevera o hasta dos meses en el congelador.

- Tasajo o cecina: se trata de carne deshidratada, la cual normalmente se preserva en buen estado entre una o dos semanas.

- Salchichas y hamburguesas: son más fáciles de congelar y almacenar en porciones de tamaño razonable.

Si alguna de estas se destaca como una opción razonable, entonces es hora de incluirla en el plan de su granja autosuficiente. A continuación se explican en detalle las opciones más populares de preservación y almacenamiento de alimentos para una granja autosuficiente.

El enlatado

Enlatar comida implica aplicar calor a los alimentos mientras están sellados dentro de un frasco, lo que destruye a los microorganismos que de otra manera llevarían al deterioro de los alimentos. Se debe utilizar una técnica de enlatado adecuada. Dos técnicas muy utilizadas para lograr un enlatado adecuado son el enlatado al baño maría y el enlatado a presión. Otras técnicas no son fiables y pueden poner en peligro la seguridad de los alimentos. En cualquier caso, con el enlatado es importante no cerrar completamente los anillos alrededor de las tapas, ya que puede resultar en que la lata parezca estar sellada cuando, de hecho, no lo está. Cierre bien los anillos y luego dé un suave empujón para aflojarlos un poco.

Enlatado al baño maría

El enlatado al baño maría es donde la mayoría de los granjeros autosuficientes comienzan porque todo lo que se necesita es una olla grande, una tapa y una repisa. Para lograr un enlatado efectivo al baño maría, usted deberá colocar los frascos con las tapas puestas en una olla con agua hirviendo hasta que el interior de los frascos alcance los 100 grados centígrados. El tiempo que los frascos deben permanecer a esa temperatura varía según lo que se esté enlatando. Este método funciona sumamente bien para la fruta, los pepinillos, los tomates y otros alimentos muy ácidos.

Enlatado a presión

En el caso del enlatado a presión, se necesita equipo específico llamado envasadora a presión. La envasadora a presión crea un compartimento cerrado lleno de vapor y empuja la temperatura interna de los frascos a los 115 grados centígrados. Al mismo tiempo, aplica una presión específica que se basa en el peso dentro del dispositivo. En estos dispositivos, verá un indicador que muestra el peso. Este método es el mejor para las verduras, las aves, el pescado y otras carnes.

El encurtido o escabechado

Aunque exista una forma tradicional de encurtir, debido a los avances recientes, ahora existe el encurtido rápido. Se puede encurtir casi cualquier tipo de vegetal, además de los huevos cocidos. En general, el proceso de encurtir es sencillo. Se colocan las verduras cortadas en frascos de vinagre o en una mezcla de agua, vinagre, sal, posiblemente azúcar y una amplia variedad de especias. La mayoría de la gente usa siempre especias para encurtir, pero también se puede incluir ajo, pimientos, eneldo y más. Luego, guárdelos en el refrigerador.

Si a usted le preocupa más mantener el espacio de su nevera despejado, entonces tendrá que hacerlos pasar por el proceso de enlatado a presión o al baño maría para asegurarse de que estén bien selladas.

Congelar la comida

Congelar comida es mucho más que tirar algo en una bolsa que sea "segura para el congelador". Se debe usar papel para congelar, también conocido como "papel freezer". Se envuelve la carne en papel para congelar y papel de carnicero y luego se sella apropiadamente. Además, usted querrá asegurarse de que está reduciendo la mayor cantidad de exposición al aire posible. Esto se hace porque se trata de aire muy frío y seco que "quema" su comida y provoca una rápida descomposición mientras está en el congelador. Además, asegúrese de no llenar demasiado el congelador porque es necesario que haya un flujo de aire para reducir el daño a los alimentos frescos.

Consejos para congelar alimentos

- Congele la comida en cuando esté más fresca.
- Siempre envuelva los alimentos herméticamente y con varias capas antes de ponerlos en el congelador.
- Mantenga su congelador lleno, pero no abarrotado.
- Hierva y escalde los vegetales antes de congelarlas.
- Si es posible, almacene todo en bolsas selladas al vacío.

Cuando se congelan las verduras se deben cocinar primero. Esto puede parecer contradictorio, pero solo se deben hervir las verduras durante un máximo de tres minutos y luego sumergirlas inmediatamente en un baño de hielo (escaldado). Esto lleva a las verduras a su estado ideal, y luego cuando se congelan, deberían mantenerse ese estado.

En cuanto a congelar bayas o fruta, el proceso es diferente. Normalmente se puede congelar la fruta sin necesidad de cocinarla o escaldarla. De hecho, la cocción comienza a descomponer inmediatamente las frutas, ya que son mucho más sensibles que la mayoría de los vegetales, especialmente los tubérculos. Sin embargo, es posible que usted tenga que manipular cada fruta de forma ligeramente diferente, porque lo ideal no es solo tirarlas en una bolsa sin más. Lo ideal es colocar las frutas en bandejas, dejarlas congelar completamente y luego ponerlas en el congelador con las capas de protección adecuadas para evitar que se quemen.

A la carne le puede ir muy bien en el congelador, pero de nuevo, las capas son un aspecto importante. El papel para congelador puede hacer una diferencia sustancial en la calidad. Luego debe incluirse otra capa, generalmente de plástico o papel encerado, y finalmente se deben almacenar en un lugar cerrado que sea seguro para el congelador, como una bolsa o contenedor que sean seguros para el congelador.

Lo que usted necesita saber sobre las bodegas de raíces

Hay diferentes tipos de bodegas de raíces y no todas se construyen de la misma forma. El problema particular al que se enfrenta la gente hoy en día es la zonificación y los permisos. Debido a que los sótanos de raíces son tradicionalmente subterráneos y deben ser lo suficientemente altos para que al menos la persona esté agachada con el torso erguido, puede haber dificultades para evitar interferir con las líneas, las tuberías, entre otras, en el patio. Sin embargo, si usted consigue un contratista local, este puede ayudarle a determinar si construir una bodega de raíces en su propiedad es la decisión correcta. Las bodegas de raíces valen la inversión, ya que pueden ayudar a mantener los alimentos frescos y en su estado más natural durante un período prolongado de tiempo.

Las bodegas de raíces son lo que la gente usaba antes de que los refrigeradores se utilizaran ampliamente. Casi todo se puede guardar en una bodega de raíces. Se pueden almacenar alimentos enlatados, productos en tarros, medicinas y productos agrícolas como zanahorias, nabos, papas, calabazas, calabacines y más. El mejor ambiente para una bodega de raíces es de una temperatura entre 0 y 4.5 grados centígrados con entre 85% y 95% de humedad. Como los niveles de humedad son tan altos, hay una pérdida de humedad mínima en los alimentos. Las bajas temperaturas mantienen la tasa de descomposición al mínimo. El resultado es que los alimentos almacenados en una bodega de raíces liberan gas etileno a un ritmo mucho más lento que si estuvieran en cualquier otro ambiente. Ese gas luego se escapa por la ventilación.

Ahora, las frutas y las verduras se deben mantener separadas debido a las drásticas variaciones en el tiempo de descomposición. Cada una libera etileno a diferentes velocidades y almacenarlas juntos puede causar que tanto las frutas como las verduras se deterioren más rápidamente.

Prolongar la vida de los productos lácteos

A menudo, los productos lácteos tienen una corta duración. La mayoría de la leche que se compra en la tienda tiene una vida útil de entre cinco y siete días, mientras que el yogur suele mantenerse en buen estado durante una o dos semanas y el queso puede durar en un congelador entre 6 y 8 meses. Si usted tiene una vaca lechera en casa, vale la pena el esfuerzo de aprender a hacer queso y yogur para aprovechar al máximo la producción de leche.

Es importante mencionar que la pasteurización de la leche no hace que dure más tiempo. La leche pasteurizada normalmente tendrá una duración de una semana o menos, pero la leche orgánica tratada con otros métodos puede durar más tiempo. Un método llamado UHT o ultrapasteurización permite obtener una leche no perecedera que cuando se refrigera adecuadamente dura hasta seis meses. La UHT requiere que la leche se caliente a 138 grados centígrados durante dos o cuatro segundos y luego se enfríe rápidamente hasta los casi 4 grados centígrados, lo que mata cualquier bacteria.

Desafortunadamente, en este momento, no hay una manera infalible de lograr esto en casa. Algunos usan ollas de presión, y otros usan ollas de presión de la marca *Instant Pot,* pero el resultado siempre es el mismo: en el sabor de la leche se nota que fue cocinada porque es muy difícil enfriarla tan rápidamente en casa. En general, es recomendable evitar la ultrapasteurización en casa. Sin embargo, hay esperanza en la comunidad del *homesteading* de que pronto habrá más opciones disponibles para aquellos que quieren producir leche a través del UHT en casa. Tal vez un nuevo aparato o dispositivo que ayude tanto a calentarla como a refrigerarla, pero hasta el 2020, la tecnología aún no está disponible a escala residencial.

Medidas de seguridad para la preservación de alimentos en el hogar

Siempre asegúrese de priorizar la seguridad. Los alimentos enlatados tienen el riesgo de producir botulismo y otras enfermedades, así como el crecimiento inherente de bacterias y hongos. Los encurtidos, cuando no se hace correctamente, pueden llevar a tener verduras agrias y espacio desperdiciado en las repisas. Todos los métodos de conservación de alimentos tienen riesgos, incluso cuando simplemente se ponen las cosas en el refrigerador.

Cuando abra cualquier producto alimenticio que haya estado almacenado por un tiempo, huélalo y examínelo visualmente para buscar signos de disminución de la calidad o de descomposición. Lo ideal es que estos métodos de conservación mantengan sus productos en el punto máximo de frescura por un tiempo o que los conviertan en otro producto alimenticio, como pasar de tener un melocotón fresco a rodajas de melocotón en almíbar. Estos métodos de conservación pueden ayudarle a mantener algunos de sus cultivos en el inventario durante todo el año. Los melocotones son un gran ejemplo porque solo maduran durante el verano, pero con la congelación, el envasado y la fabricación de mermeladas, usted podrá utilizar su delicioso inventario de melocotones durante todo el año.

Explore las diferentes opciones de conservación y decida qué va mejor con su cocina con las áreas dedicadas al almacenamiento. Y si usted busca pasar del nivel inicial del *homesteading* a los métodos más avanzados de almacenamiento y conservación de alimentos, ¡hay muchas más opciones disponibles!

Capítulo 8: Obtenga ingresos con su granja autosuficiente

La mayoría de la gente no comienza una granja autosuficiente con el sueño de ganar dinero con su tierra. De hecho, la mayoría de la gente se involucra en este mundo esperando reducir el monto de sus facturas del supermercado y vivir un estilo de vida más autosuficiente. Pero usted puede hacer realidad el sueño de vivir de su granja autosuficiente. Todos los métodos para obtener beneficios de su granja requieren trabajo y dedicación. Sin embargo, también pueden ser formas muy factibles de hacer dinero con algo que usted ya esté haciendo.

Si usted todavía está en la fase de planificación de la creación de su granja autosuficiente, entonces podría crear un plan de negocios para evaluar las diferentes formas en que la obtención de beneficios podría encajar en los diferentes diseños de la granja autosuficiente. Incluso las personas que trabajan en solo 2.000 o 1.000 m^2 pueden encontrar muchas maneras de obtener ingresos y tener un hermoso huerto al mismo tiempo. Tengan en cuenta que cada granja autosuficiente se enfrentará a limitaciones únicas y la comunidad en donde usted se encuentre podría tener un rol clave en lo que funciona y en lo que no funciona para usted.

Diseñe una marca para su granja autosuficiente

Si usted tendrá algún producto que pueda generar ingresos, necesita tener una marca. Con una marca, la gente podrá asociar su granja autosuficiente y sus productos. Hay innumerables ejemplos de marcas impresionantes en el mundo, pero su marca debe representar su estilo de vida.

Al crear una marca, considere qué valores lo llevaron a comprometerse con el desarrollo de su granja autosuficiente. Compartir la historia sobre cómo se convirtió en una persona que se dedica al *homesteading* y cómo convirtió su granja en un negocio podría ser muy importante para los clientes. Por lo general, los clientes, incluso aquellos que están interesados en los productos orgánicos o de cultivo propio, quieren entender el negocio que hay detrás del producto. Dar a sus futuros clientes un poco de conocimiento sobre su vida y sus valores puede tener un impacto drástico en su negocio.

Lo que se quiere lograr es lo que los comercializadores llaman una "marca orgánica", es decir, una marca que se desarrolla como resultado del significado y el propósito del producto. Esto significa que la marca tiene una voz única, una actitud y un conjunto de puntos de vista sobre la ética y los elementos culturales dentro de la comunidad. Como la persona que vende los productos, usted es quien determinará todos estos aspectos.

Crear una marca no significa que se necesite tener calcomanías personalizadas, tarjetas de presentación, empaques o anuncios cursis. Aunque es agradable poder vender camisetas o tener pegatinas con el logo de su granja autosuficiente o el nombre divertido que le usted le haya dado, no es necesario. Simplemente se necesita una buena actitud, un nombre y una imagen para poner en un puesto en un mercado local de agricultores o en una tienda de artesanía en línea. No importa cuál sea la plataforma que usted elija o los productos que venda, necesitará diseñar una marca.

Vender sus productos

Vender sus productos es la forma más directa de ganar dinero con la granja autosuficiente. Es una gran manera de deshacerse del exceso de inventario y puede ayudar a reducir el tiempo que la cosecha pasa en los estantes. Si usted sabe que tendrá una cantidad abundante de cosecha cada temporada, entonces no hay razón para no vender lo que no se necesite en su hogar. La parte positiva es que casi todo lo que se cultiva en la granja autosuficiente se puede vender. Siempre que lo que usted venda sea legal en su área, entonces puede ser tan simple como encontrar un mercado local agrícola y llenar una solicitud con los funcionarios de su ciudad o condado. Sin embargo, existen áreas y artículos que tienen restricciones legales.

En este capítulo hablaremos un poco más en detalle sobre las restricciones legales, pero para darle un ejemplo rápido, la leche cruda es una de las cosas que es ilegal vender o distribuir a nivel nacional. Las directrices federales de los Estados Unidos dadas por la Administración de Alimentos y Medicamentos de los Estados Unidos prohíben la venta de leche cruda, así que la solución para poder vender leche sería pasteurizarla. Muchas de las restricciones legales sobre la venta de alimentos o bienes de una granja autosuficiente tienen una solución clara, así que no se desanime si ve que puede haber algunos obstáculos en el camino.

¿Qué vender?

Entonces, ¿qué se puede vender? Usted puede vender casi cualquier cosa, pero aquí le mostramos una larga lista de cosas que están disponibles en casi todas las granjas autosuficientes.

- Vender la producción adicional
- Vender plántulas
- Vender abono y materiales de abono
- Vender estiércol como fertilizante (excrementos de conejo, excrementos de vaca)
- Vender sus flores

- Vender huevos frescos de granja
- Vender pollitos
- Embotellar y vender leche de cabra
- Embotellar y vender leche de vaca
- Vender mantequilla casera
- Vender cecina
- Vender hierbas frescas
- Vender hierbas secas en mezclas de especias prefabricadas
- Vender aves de corral grandes como gansos o patos para la caza
- Vender plantas en maceta
- Hacer y vender pasta o pesto especial

Vender lo que usted produce en su granja autosuficiente es una cosa, pero también puede usarla como una plataforma de venta. Si usted tiene espacio para un huerto de calabazas, sería muy apropiado que coloque una puerta lateral en el huerto de calabazas y cobrar a los vecinos para que escojan la suya. O puede hacer lo mismo durante todo el año con una granja donde la gente de toda la comunidad pueda entrar por una puerta lateral y luego recoger verduras a su gusto. En inglés, estas granjas se llaman "U-pick".

Hay algunos productos que se pueden vender que se consideraría que son especiales de esa granja autosuficiente en particular. Aquí hay algunos ejemplos de especialidades de granjas autosuficientes que no encajan en el molde todas, pero que pueden ser productos accesibles para la suya.

- La miel de sus abejas
- Productos de cera de abejas
- Criar animales para sacrificarlos para otras personas (similar a arrendar un pastizal)
- Pesca in situ (si usted tiene una granja piscícola)
- Peces (si usted tiene una granja piscícola)
- Cebo de pesca (cría de insectos)
- Criar perros de trabajo (se hablará más sobre esto en el capítulo 12)

- Construir huertos verticales

Todos estos artículos son complementos para una granja autosuficiente básica. No todos los granjeros autosuficientes crían abejas, pero aquellos que lo hacen pueden beneficiarse enormemente de su miel y de los productos hechos con cera de abejas. Además, no todo el mundo está involucrado en la acuicultura, pero si usted tiene un estanque de peces, entonces tiene acceso a una mayor variedad de productos que se pueden utilizar para hacer dinero con la granja.

La cría de animales es otra gran manera de ganar dinero con una granja sin vender técnicamente un producto. Lo que se vende en este caso es un contrato de arrendamiento de pastura o de un hato, además del tiempo dedicado a la crianza y el cuidado de los animales. A mucha gente le encantaría tener una vaca o un cerdo criado en casa para consumir carne fresca y orgánica de vacuno y cerdo, pero no tienen espacio o no pueden manejar el mantenimiento del animal. Como granjero autosuficiente, usted está equipado para hacer exactamente eso. También existe la opción de criar animales de trabajo. Por ejemplo, los perros de trabajo no producen carne, pero son excepcionalmente útiles en las granjas y haciendas, y no todos los granjeros tienen la paciencia para criar sus propios perros de trabajo.

Elaboración de productos y artesanías

Probablemente sea una apuesta segura decir que si usted puede construir y mantener una granja autosuficiente, también podría ser bastante bueno para las manualidades y artesanías. La elaboración de productos y artesanías es uno de los elementos más divertidos del *homesteading*, pues se toman materias primas o los materiales sobrantes y se convierten en algo completamente suyo. Este también es un elemento de la autosostenibilidad de una granja, donde se puede necesitar, por ejemplo, construir un gallinero en lugar de comprar uno. Cuando usted se dedica a la elaboración de productos y artesanías, hace mucho más que vender materia prima.

Para obtener un ingreso extra de su granja autosuficiente, venda los siguientes productos:

- Mermeladas, jaleas o conservas.
- Velas.
- Humectantes labiales u otros artículos hechos con cera de abejas.
- Sus propios productos para el cabello y la piel hechos con ingredientes totalmente naturales.
- Jabones caseros.
- Carnada de pesca hecha con plumas de pollo.
- Diferentes piezas de mobiliario o decoración del hogar hechas con madera reutilizada.
- Proyectos de ganchillo o tejido de punto.
- Edredones y otros lujos del estilo de vida sencillo.

Esta lista no es exhaustiva y usted puede añadir casi cualquier cosa que se le ocurra si la puede hacer en su granja autosuficiente o cocina. La idea, por supuesto, es usar los productos que usted ha creado en su granja autosuficiente para generar ingresos con un poco de ingenio creativo. Por ejemplo, los productos caseros para el cabello y la piel tienen un gran mercado en páginas web como Etsy porque la gente quiere alternativas a los productos llenos de químicos que se encuentran en los estantes de las tiendas. Por supuesto, casi todo en esta lista implica una habilidad que usted posiblemente necesite aprender. Habilidades como la fabricación de velas o jabones se han perdido en los últimos dos siglos. Sin embargo, una vez que usted aprenda a hacerlas, podrá repetir el proceso una y otra vez para seguir generando ingresos con ese mismo conjunto de habilidades.

Ferias especializadas y de artesanías

Todas las plataformas que se enumeran en la siguiente sección son opciones para vender productos caseros. Los mercados de productores permiten la venta tanto de productos hechos en casa como de materia prima. Pero hay una plataforma de venta única que está disponible para los productos hechos en casa que no se aplica normalmente a los productos crudos y a las materias primas. Las ferias especializadas y de artesanías suelen tener lugar en determinadas épocas del año y son la oportunidad perfecta para montar un stand y vender sus productos durante algunos días. Las ferias especializadas, como las ferias del renacimiento, son oportunidades adicionales. Si usted puede hacer señuelos de pesca o edredones, entonces tendrá un sitio en la mayoría de las ferias especializadas que puedan ir a su condado.

Las leyes sobre alimentos caseros

Aunque inicialmente parece que las leyes sobre alimentos caseros son restrictivas y problemáticas, son mucho más indulgentes que los reglamentos a los que se enfrentan los propietarios de pequeñas empresas. Las leyes sobre comida casera permiten a la gente vender comida casera al público sin tener que pasar por un proceso extenso de concesión de licencias. El objetivo principal es comprender los requisitos federales y saber qué alimentos requieren etiquetado y cuáles están totalmente prohibidos. Estas leyes varían de un estado a otro.

Pero sobre todo, las leyes sobre alimentos caseros describen qué alimentos necesitan ser refrigerados, cómo procesar los alimentos enlatados y otros elementos relativos a la descomposición. No se permite producir algunas comidas en una cocina casera porque suponen riesgos muy específicos para la salud. Sin embargo, con algunos permisos o ciertas licencias, es posible que se puedan vender en los mercados de productores o a través de plataformas similares. Siempre asegúrese de investigar a fondo las leyes sobre alimentos caseros en su estado.

Enseñar y compartir sus experiencias

En el capítulo 11 se explicará cómo compartir sus experiencias de aprendizaje y cómo pueden convertirse en algo provechoso. Por ahora, repasaremos los fundamentos de la enseñanza y el intercambio de experiencias como algo de lo que se puede sacar provecho, además de las muchas formas diferentes de hacerlo. Usted tiene la opción de iniciar un blog, dar clases o incluso involucrarse con los vecinos locales que quieren aprender a desarrollar una granja autosuficiente. El verdadero elemento a considerar aquí es que no se debe dudar en cobrar por su tiempo; aunque usted no esté vendiendo un producto en sí, está vendiendo un conjunto de habilidades.

Ayude a otros a aprender a través de cursos o clases

Cuando esté comenzando, usted debe sentarse a establecer cuidadosamente lo que se debería lograr en cada clase. Después de determinar lo que se logrará en cada una, deberá determinar cómo comunicará la información y qué actividades o ejercicios proporcionará para ayudar a desarrollar esa habilidad o conocimiento en particular. Se trata de escribir un plan para el curso y múltiples planes de lecciones. En internet se pueden encontrar muchos planes de lecciones diferentes que pueden servir como ejemplos.

Si usted da cursos o clases sobre el *homesteading*, tiene que pensar cuidadosamente en el entorno de aprendizaje. Por ejemplo, si está dando cursos y cobrando dinero, puede que la cocina de su casa no sea adecuada, por lo que es posible que tenga que utilizar una cocina comunitaria o una cocina de grado comercial porque, en algunos municipios, hay requisitos estrictos del código de salud.

Cuando trabaje o imparta clases en su propiedad, usted debería adoptar las medidas necesarias para garantizar que el terreno sea seguro y que el riesgo de lesiones sea mínimo. Además, es posible que necesite alquilar temporalmente una cocina de grado comercial donde pueda impartir clases de cocina en un entorno seguro para los alimentos.

¿Dónde vender?

Conseguir el lugar exacto donde se pueden vender los productos puede ser un poco complejo, ya que los gobiernos locales tienen leyes y restricciones diferentes. En general, usted debería poder vender la mayoría de sus bienes en un mercado de productores. Es una buena idea diversificarse y asistir a múltiples mercados de productores, ya sean locales o en otras ciudades. Sin embargo, si usted va más allá de los mercados de productores, tendrá opciones para vender en línea y podrá abrir una pequeña tienda si le parece rentable, o podrá vender desde su propia casa si puede gestionar el proceso de ventas en su zona.

Los mercados de productores

Estos mercados están destinados específicamente a artículos cultivados y producidos localmente. Los mercados de productores son legales, y a nivel federal, el gobierno los ve como una forma de promover la agricultura regional y asegurar un suministro de productos frescos y locales para los residentes. Por lo general, los mercados de productores se limitan a los pequeños agricultores familiares y a los granjeros autosuficientes, ya que estos no tienen la oportunidad de vender en las grandes cadenas de supermercados. Existen restricciones al establecerse en un mercado de productores. No se permite la intervención de un intermediario o un consignatario; si una ciudad le dice que lo necesita, entonces no se ajustan a la ley federal. Existe la posibilidad de que un agente del condado o un agente federal visite su tierra para asegurarse de que lo que está vendiendo en el mercado fue cultivado o producido por usted mismo. Por lo general, los mercados de productores tendrán un comité integrado por una combinación de productores y consumidores que harán cumplir las normas y políticas específicas de esa asociación.

Tiendas personales en línea

Puede ser difícil empezar, pero a largo plazo, suele ser más fácil vender productos en línea que llevar una tienda pequeña. Una tienda personal en línea requerirá un sitio web y el uso de un facilitador de comercio electrónico como Shopify o Magento. Aunque puede parecer complicado al principio, con un consultor o un amigo que sepa del tema se puede crear un sitio web por menos de unos pocos cientos de dólares en solo un par de horas. Los sitios web no son tan caros como solían serlo y no son tan complicados de crear como la mayoría de la gente cree. Una vez que se configura la tienda en línea, es tan fácil como hacerle mantenimiento básico para asegurar que los productos que usted tiene disponibles también estén disponibles en línea para que los clientes los vean. Sin embargo, debe tener mucho cuidado con lo que ponga a la venta en internet, ya que puede haber restricciones de las leyes de alimentos caseros y en la forma en que envían ciertos artículos de manera segura.

Plataformas en línea de artesanías y productos hechos en casa

Plataformas como Etsy, Aftcra, Artfire, Cratejoy y Absolute Arts permiten a la gente vender productos hechos a mano por internet. El uso de plataformas de artesanía en línea o de productos hechos en casa puede ser una forma mucho más sencilla de pasar a la venta de productos en línea sin tener su propio sitio web. Estas plataformas toman un pequeño porcentaje de lo que usted gana y pueden tener tarifas adicionales de envío y otros servicios. Explore cuáles plataformas le interesaría utilizar e investigue cuidadosamente sus tarifas y acuerdos de usuario. Por ejemplo, Etsy permite a los vendedores comerciar alimentos y artículos comestibles siempre y cuando cumplan con las regulaciones gubernamentales. Su "Manual del vendedor" ofrece información específica sobre cómo vender, enviar y empaquetar alimentos de forma que se cumplan las regulaciones del gobierno federal.

Vender directamente desde casa

Para los negocios desde casa, existen unas cuantas dificultades únicas. Primero, cada condado puede establecer sus propias restricciones. Segundo, cada condado y estado puede tener diferentes requisitos de permisos y, finalmente, se le puede exigir que tenga ciertas pólizas de seguro, como el seguro de responsabilidad civil. Cuando se venden alimentos o productos directamente en casa, es necesario registrarse como empresa. Además, tendrá que revisar la legislación de su ciudad, condado y estado para determinar si hay permisos que usted necesita para que pueda vender desde su residencia. Por ejemplo, en California, uno de los estados más restrictivos, necesitará un tipo de permiso para vender directamente desde su casa y en los mercados de productores, y un permiso diferente si planea vender a través de las plataformas en línea y en otros lugares como una tienda o restaurante local. Adicionalmente, se le pedirá que proporcione información sobre todos sus ingredientes, sus recetas y de dónde obtiene los ingredientes. Usted también tendrá que hacer etiquetas para cada producto que venda. Muchas de las personas que se dedican al *homesteading* venden productos directamente desde su puerta principal porque su ciudad o condado puede tener una amplia variedad de excepciones disponibles para si solo se comercia materia prima. Por ejemplo, también dentro de California, los productores de alimentos crudos no procesados necesitan solamente un certificado de productor certificado en lugar de un puñado de permisos y controles regulares del inspector de salud pública.

¿Cómo construir una granja autosuficiente rentable?

Ya sea que usted aún esté en la fase de planificación de su granja autosuficiente o que haya tenido una exitosa durante algunos años, puede comenzar con revisar la siguiente lista básica para hacer que su granja autosuficiente sea más rentable.

- ¿A qué fuentes de ingresos puede tener acceso desde su granja autosuficiente (o los planes de ella) sin cambiar nada?
- ¿Qué recursos están disponibles?
- ¿Necesitará recursos adicionales?
- Defina a su clientela (idealmente, ¿a quién quiere venderle?)
- Identifique las necesidades de los clientes (por ejemplo, si quieren opciones orgánicas, si están tratando de alejarse de las grandes tiendas, etc).
- ¿En qué se diferencia su producto?
- ¿Cómo fijará los precios?
- ¿Necesitará tener presencia en línea, estar presente en la comunidad, o ambas?
- Escriba su plan de negocios.

Esta lista lo ayudará a guiarse en el proceso de establecer sus opciones y, eventualmente, crear una granja autosuficiente con oportunidades de obtener ganancias. Es importante hacer un plan de negocios, incluso si en el futuro usted decida que solo preparará alimentos caseros, ya que ese documento servirá para ayudarle a tomar decisiones y establecer objetivos.

Por último, es importante asegurarse de que la autosuficiencia de su granja sigue siendo el propósito con la máxima prioridad. Si usted está vendiendo tantos productos como para que su granja autosuficiente se comience a marchitar, entonces no tiene un modelo sostenible, y puede que tenga que reducir su base de clientes o ampliar el alcance de sus operaciones y convertirse en un negocio más grande. Muchas granjas autosuficientes son rentables en otras formas que van más allá de simplemente vivir de su propiedad. La etapa de planificación es el momento ideal para explorar cómo puede combinar el *homesteading*, sus pasatiempos y la oportunidad de generar más ingresos en su hogar.

Capítulo 9: 8 recursos a tener en cuenta

¿Cómo y dónde puede empezar? Sin dudas es difícil reunir el dinero necesario para comprar equipo, semillas, pollos y materiales para construir un gallinero y jardineras, pero es posible hacerlo. Hay muchos recursos disponibles para ayudarlo a empezar; algunos son financieros y otros lo ayudarán a adquirir experiencia y habilidades.

Hay cuatro elementos clave que usted querrá tomar en cuenta cuando busque recursos de alta calidad. Primero, asistencia en traslados y trabajo. Aunque no mueva maquinaria pesada, usted posiblemente armará muchas jardineras, construirá un gallinero o plantará árboles; y estas no son tareas que una persona pueda hacer por su cuenta. Cuanta más ayuda tenga, es más probable que pueda desarrollar diversas habilidades. Es posible que los trabajadores que encuentre a través de los sistemas de voluntariado no tengan experiencia o que, por el contrario, tengan años de experiencia en el área y ahora se ofrezcan a ayudar como pasatiempo durante su jubilación. Sin importar cuál sea el caso, siempre acepte la ayuda con gusto.

Segundo, necesita tener el apoyo del condado o posiblemente de la ciudad. Algunas ciudades y casi todos los condados tienen restricciones sobre lo que está permitido hacerse en el patio trasero de las propiedades. Podría parecer indignante que cualquier oficina gubernamental dentro de los Estados Unidos pueda decidir lo que usted puede o no puede hacer en su propio terreno. Sin embargo, hay algunas explicaciones muy razonables acerca de por qué no se puede excavar en ciertas áreas, construir en otras, o incluso tener pollos. Por ejemplo, los pollos son ruidosos, y si su ciudad tiene una restricción de ruido en su vecindario debido a los otros residentes, esto puede significar que los pollos no son una opción disponible. Es posible que no pueda cavar líneas para los canales o sistemas de agua debido a las tuberías de gas o a las líneas de electricidad enterradas. Estos obstáculos pueden estar presentes en su vecindario, por lo que usted debe comunicarse con su ciudad o condado y obtener los permisos necesarios.

En tercer lugar, hay que buscar exenciones para las granjas, créditos de impuestos sobre la propiedad y otros elementos fiscales. Si usted obtiene algún tipo de ingresos de su tierra, entonces puede que necesite calcular sus ingresos y pagar impuestos sobre esos ingresos. Asimismo, si usted comparte con su comunidad los productos o beneficios que obtiene, podría tener acceso a algunas exenciones o deducciones de impuestos. Si su propiedad se convierte en su negocio, puede tener la posibilidad de desgravar de los impuestos ciertos equipos. Lo mejor es encontrar los recursos necesarios para averiguar cuáles de estas opciones están disponibles para usted. Cuando se trata de impuestos y administración financiero, nada se compara con consultar a un contador público certificado. Aunque usted tenga las habilidades y los recursos para manejar las finanzas por su cuenta, siempre esté dispuesto a contratar a un contador público en caso de que el negocio se expanda o comience a obtener ingresos significativos.

Por último, están los recursos que lo ayudarán a decidir por dónde empezar. Aunque esta guía es muy completa, podría ser útil tener algunos recursos locales disponibles cuando se necesite un poco más de orientación. Además de obtener ayuda local para comenzar, también encontrará el apoyo necesario durante estos tiempos difíciles dentro de la comunidad del *homesteading*. Estos recursos le darán apoyo emocional y así tendrá a alguien que intervenga y le diga: "sí, ¡puedes hacerlo!".

Así que, ahora explicaremos un poco más cada recurso. Tome en cuenta que algunos están muy actualizados en lo que respecta a información sobre las técnicas avanzadas y la aplicación de los sistemas modernos, mientras que otros recursos solo se refieren a los métodos tradicionales o sirven de apoyo para aquellos que tienen una granja autosuficiente tradicional. Es vital que mantenga sus opciones abiertas, ya que puede llevar un tiempo encontrar los recursos adecuados para su mini granja.

Encuentre ayuda con el trabajo y para el desarrollo de un conjunto de habilidades

La organización Oportunidades en Granjas Orgánicas a Nivel Mundial (en inglés, World Wide Opportunities on Organic Farms o WWOOF) ayuda a los agricultores nuevos a conectarse con voluntarios locales. Estos voluntarios pueden variar enormemente en el nivel experiencia, pero a menudo habrá un intercambio de educación y cultura mientras trabaja con ellos. Puede que mucha gente dentro de su comunidad esté feliz de participar en un proyecto y literalmente se arremangue la camisa para comenzar a trabajar.

Los voluntarios de WWOOF normalmente viven con el anfitrión por un corto tiempo, lo que les permite experimentar la vida como granjero. Para usted, eso puede significar tener visitantes en su casa que realmente quieran conectarse con su tierra y apoyar un cambio en la forma en que vemos y cultivamos nuestros alimentos.

Para participar, usted debe inscribirse en WWOOF como anfitrión y luego publicar un anuncio que estará en el sitio web donde los voluntarios podrán verlo. Ellos responden a través de la página web y luego WWOOF lo contactará a usted. No es como Craigslist, donde cualquiera puede contactarlo o ver su información. En WWOOF se preocupan por motivar a las personas para que lo intenten y se aseguran de que el proceso sea lo más seguro posible. Todos los voluntarios pasan por un proceso de postulación minucioso y no todos entran en el programa. Además, la mayoría de las quejas llevarán una suspensión inmediata o incluso a una terminación permanente de la membresía. Adicionalmente, usted siempre tendrá la opción de hacer entrevistas exhaustivas antes de aceptar a un candidato de WWOOF.

Otra forma de encontrar personas con ideas afines que apoyen a las granjas locales es a través de las sucursales locales del 4-H, una organización juvenil administrada por el Instituto Nacional de Alimentos y Agricultura, o a través de los grupos FFA, otra organización nacional juvenil enfocada en el desarrollo profesional y técnico en áreas relacionadas con la agricultura. Aunque suelen ser mucho más jóvenes, usted puede colaborar con los líderes de los grupos para contribuir con su comunidad y con los futuros granjeros o entusiastas de la agricultura mientras también apoya a las sucursales locales de las organizaciones.

Para obtener ayuda a través de su comunidad inmediata, usted también podría tocar a la puerta del centro comunitario local. A menudo, estos centros pueden ayudar a que se reúnan adultos con intereses afines. Tenga en cuenta que en este tipo de comunidades con frecuencia se espera que se dé algo a cambio. Por ejemplo, usted podría planificar parte de un proyecto 4-H con su mini granja y seguir trabajando como voluntario adulto dentro de la organización.

Asistencia del Departamento de Agricultura de los Estados Unidos y del Instituto Nacional de Alimentos y Agricultura (NIFA)

La Oficina de Extensión Cooperativa ofrece ayuda con asistencia local e individual para todo lo relacionado con la investigación, la aplicación práctica y más. Durante mucho tiempo, el Instituto Nacional de Alimentación y Agricultura (NIFA) ha sido líder en la investigación de la agricultura en Estados Unidos. Esto significa que estudian diferentes métodos de desarrollo, cultivo de la tierra y otras cosas que conducen a una cosecha abundante. Mientras trabajaban con el Departamento de Agricultura de los Estados Unidos, estas dos autoridades crearon el Sistema de Extensión Cooperativa. El sistema sirve para transformar las investigaciones del Instituto Nacional de Alimentación y Agricultura en aplicaciones prácticas que los agricultores y ganaderos de todas las escalas pueden utilizar.

Usted puede obtener más información y averiguar qué tipo de apoyo monetario o informativo está disponible en su área contactando con la oficina del Sistema de Extensión Cooperativa (el CES en inglés) de su condado. No solo dan acceso a subvenciones y ayudas de financiación, sino también a oportunidades educativas. Aunque no hay créditos de educación formal que se puedan obtener a través del CES, usted puede aprender información valiosa de estos grupos. Han operado durante más de 100 años y ayudan a las familias, las comunidades, los agricultores y los ganaderos a construir sistemas sostenibles dentro de sus granjas, huertos comunitarios y más.

Subvenciones y financiamiento

Cuando se calculan los costos totales que implican la construcción de una granja autosuficiente, incluso si es en su patio trasero, estamos hablando de unos cuantos miles de dólares. El promedio de los costos iniciales durante los primeros dos años es de unos 5.000 dólares. La mayor parte de esos costos se producen en los primeros meses cuando se construye el gallinero, se compran semillas, se adquieren equipos o materiales de almacenamiento y se compran pollos. Ahora, esos costos se suman a todas sus facturas actuales, porque usted aún no está ahorrando dinero en víveres o productos que pueda cultivar en casa, en lugar de comprarlos en la tienda. La mayoría de la gente, incluso aquellos que viven de cheque en cheque, puede conseguir 5.000 dólares en el transcurso de dos años. Sin embargo, hay muchas maneras de ayudarlo a obtener fondos para las inversiones iniciales. Normalmente se dispone de subvenciones y otras formas de financiación para ayudar a cubrir los costos iniciales en parte o por completo, cosa que de otra manera podría disuadirlo de iniciar su granja autosuficiente.

En la página web grants.gov se ofrece apoyo en forma de pequeñas subvenciones agrícolas, particularmente si se busca comprar un terreno y equipo. El Departamento de Agricultura de los Estados Unidos (USDA en inglés), también ofrece subvenciones especializadas y pequeños préstamos. Por ejemplo, si pedir un préstamo para iniciar su mini-granja ahora es parte de su plan, entonces debe buscar los que ofrecen las mejores facilidades de pago del préstamo. Un préstamo de la Agencia de Servicios Agrícolas (FSA en inglés) le permitiría utilizar el préstamo para comprar tierra, equipo, ganado, suministros, semillas y pienso. También hay programas de asistencia de préstamos y subvenciones para el desarrollo rural que pueden ayudar con cosas como la construcción de instalaciones y servicios comunitarios. Por último, existe la oportunidad de entrar en la Agencia de Servicios Agrícolas para Agricultores y Ganaderos Principiantes del Departamento de

Agricultura de los Estados Unidos. Este programa provee una parte sustancial del apoyo que se presta a la propiedad agrícola en garantía a través de fondos de préstamos operativos dados directamente a los agricultores y ganaderos principiantes. No hay restricciones relacionadas con la cantidad de propiedad que usted tenga disponible, por lo que puede solicitarla mientras utilice un patio trasero para su granja autosuficiente.

Sustainable Agriculture Research and Education (SARE o Investigación y Educación sobre Agricultura Sostenible) ofrece listas de subvenciones que suelen proceder de relaciones comunitarias o de instituciones educativas.

Recursos para obtener información acerca de la agricultura sostenible

Cuando se trata de encontrar información sobre agricultura sostenible, es fácil perderse en el gran mar de información (o desinformación) que hay allí afuera. Aunque este libro sirve como guía, no podemos cubrir todos los obstáculos con los que se topará en sus primeros años de *homesteading* en su patio trasero. Sin embargo, podemos ayudarle a encontrar recursos que son producto de años y años de investigación y estudios para que pueda acceder rápidamente a información fiable. El Centro de Información de Sistemas Agrícolas Alternativos del Departamento de Agricultura de los Estados Unidos (USDA) es uno de los líderes en proveer información relacionada con sistemas alimentarios sostenibles en la agricultura. Se les reconoce como la principal autoridad en todo lo relacionado con la agricultura sostenible, desde la acuicultura hasta el apoyo a la agricultura comunitaria. Son un gran recurso, pero puede ser un poco difícil navegar por su sitio web. Si usted desea utilizar su información con frecuencia, puede marcar como favoritas las páginas más frecuentadas o añadirlas a los marcadores en el teléfono o en el navegador de internet.

El sitio web beginningfarmers.org es otro recurso primario para los agricultores principiantes. El sitio web, con un nombre muy apropiado ("granjerosprincipiantes.org" en español), se mantiene al día con los desarrollos más recientes de la agricultura y la agricultura a pequeña escala. Es un gran lugar para encontrar noticias y obtener respuestas a preguntas para cosas como conseguir ayuda en caso de emergencias o dónde encontrar un curso de capacitación para principiantes en su área. También tienen un foro para ayudar a la gente a encontrar trabajos agrícolas y pasantías. Si usted está dispuesto a pagar por la mano de obra, es un gran lugar para publicar una vacante y encontrar gente con interés genuino en la agricultura.

El sitio web del USDA tiene muchos tutoriales para los que se dedican a la agricultura a pequeña escala. Es un gran lugar para encontrar con videos y tutoriales confiables de DIY ("hágalo usted mismo" en español) que se pueden seguir fácilmente. Con la biblioteca de video del USDA, cuyo contenido proviene de la Biblioteca Nacional de Agricultura, usted pude encontrar toneladas de videos para mantener su agricultura orgánica y otros elementos que implican la expansión de su mini granja, como la acuaponía.

Cuando se trabaja con la agricultura, es importante saber qué recursos son fiables y se ajustan a su estilo de agricultura. Con estos recursos, usted no debería tener problemas para encontrar la información que necesita, además de que puede volver a consultarlos una y otra vez. Lo importante es que entienda que hay muchos recursos disponibles. Es muy frecuente que las personas sientan que el *homesteading* es una experiencia aislada e individual, pero está claro que hay muchas comunidades y muchos sectores del gobierno que ofrecen apoyo a los ciudadanos. Cuando empiece a trabajar en la granja autosuficiente, tenga en cuenta que no está solo. Sepa que si necesita ayuda, puede obtenerla, y probablemente pueda obtenerla con bastante facilidad. Manténgase al tanto de estos recursos mientras planifica la forma en que comenzará su granja autosuficiente. No tenga miedo de solicitar subsidios o financiación solo porque está construyendo su granja en el patio trasero. Además, no tenga miedo de ver los video tutoriales o de leer la información que está dirigida a aquellos que tienen granjas autosuficientes mucho más grandes, pero que usted podría adaptar a la suya.

Capítulo 10: Cuidado y mantenimiento

El cuidado y el mantenimiento continuo son obligatorios. Usted siempre debe pensar y prepararse para la próxima temporada. Eso significa ocuparse de los jardines, rotar el ganado y hacer mantenimiento a las estructuras. Es muy importante considerar el clima y las condiciones meteorológicas.

El *homesteading* es un proceso que siempre está en marcha, lo que significa que no importa el clima o si usted está enfermo, hay que ciertas cosas que deben hacerse para mantener el nivel actual de éxito. Como usted todavía está en la fase de planificación, puede tener más cuidado ahora para desarrollar una propiedad de bajo mantenimiento. Cuando se tienen menos demandas relacionadas con el mantenimiento, se podrá dedicar ese tiempo a tareas más productivas.

El cuidado de los huertos

Cuando se trata del mantenimiento del huerto, usted tendrá que preocuparse por la maleza, el mantillo y el fertilizante. Desmalezar es muy sencillo. Si usted ve algo no deseado creciendo en su jardín, quítelo. Sin embargo, la mejor manera de asegurar un desmalezamiento de bajo mantenimiento es colocar un mantillo o acolchado adecuado. El mantillo consiste en usar un material que cubra el suelo para evitar el crecimiento de la maleza y reducir la pérdida de agua. Las opciones orgánicas incluyen paja, recortes de césped, hojas y periódicos. Sin embargo, muchas personas optan por utilizar corteza o virutas de madera que tienen un tratamiento químico.

Es cierto que la fertilización contribuye a la salud general de las plantas, pero como medida de mantenimiento, también promueve la buena salud del suelo. La mayoría de las plantas, cuando se las cuida adecuadamente, no duran más de dos años. Si bien es importante cuidar la planta, también es importante cuidar el suelo. Para fertilizar, puede utilizar opciones orgánicas como algas líquidas, harina de alfalfa, humus y abono. En el caso de opciones no orgánicas, puede utilizar cualquier fertilizante disponible en las ferreterías o tienda de artículos para el hogar.

Cuando se trata de los meses de invierno, usted debe asegurarse de que tiene protección para sus plantas. Si vive en un área donde el suelo se congela, podrías considerar el uso de un cable calefactor. Además, si vives en una zona donde hay veranos duros, debería considerar el uso de sombrillas o toldos para proteger sus plantas durante los días más soleados y secos.

El mantenimiento de las estructuras y equipos

El mantenimiento de las estructuras y equipos es bastante sencillo. Cree un calendario que lo ayude a identificar las reparaciones menores antes de que se conviertan en problemas mayores. Cualquier estructura de su propiedad con techo debe ser inspeccionada cada seis meses, incluyendo el techo de su gallinero o corral de cabras. Es mucho más fácil reemplazar una teja que reemplazar el techo entero de cualquier cosa. Además, cada tres o seis meses, debería caminar alrededor de cada estructura de su propiedad y evaluar los laterales y los cimientos en busca de posibles daños. Puede programar las reparaciones durante las estaciones en las que salen más baratas. Por ejemplo, muchos contratistas están dispuestos a hacer reparaciones menores de los cimientos o de las paredes de las estructuras exteriores en primavera u otoño a precios más baratos porque no hay condiciones de trabajo duras.

Cuando se trata de los equipos, lo ideal es trabajar con un período de tiempo más pequeño. Si tiene un tractor, se le debe hacer mantenimiento cada tres meses y, en el mismo servicio de mantenimiento que haya programado, evaluar si necesita reparaciones. Si tiene un equipo especializado adicional, como un generador eólico o paneles solares, entonces necesitará averiguar cuáles son las demandas específicas para el mantenimiento de ese equipo. Por ejemplo, el mantenimiento de los paneles solares varía según la marca y es posible que necesite limpiarlos diariamente o utilizar un tratamiento químico una vez al mes para mantenerlos limpios.

Mantenimiento para el ganado

Aunque uno puede sentirse mal cuando mata a una planta, el ganado es un poco más preocupante. Usted debe asegurarse de darle un entorno de vida limpio a su ganado, pero también quiere que ese ambiente sea fácil de mantener. Puede crear un plan de bajo mantenimiento para el ganado, lo que debería dar lugar naturalmente a un entorno de vida más limpio y mejores condiciones de vida para sus animales. Esto es sumamente difícil con el ganado porque si uno se enferma, es común que el resto del rebaño o la manada se enferme también. Con una planificación y mantenimiento cuidadosos, se puede evitar la pérdida del rebaño entero o la pérdida de un animal debido a las malas condiciones.

Los pollos

Generalmente, los pollos son muy fáciles de cuidar. Aunque a algunos les gusta el contacto humano, a la mayoría no les molesta si usted no pasa mucho tiempo con ellos. Además, con un comedero y acceso al agua, no necesitan que usted haga mucho aparte de recoger sus huevos casi a diario, pero eso está más relacionado con la seguridad alimentaria. Entonces, ¿qué debería planear cuando se trata del mantenimiento de los pollos?

Para crear un gallinero de bajo mantenimiento, puede hacer que la limpieza sea mucho más fácil de manejar. Los pollos generan muchos residuos. Puede ser una molestia tener limpiar sus desechos una vez a la semana, cuando en esa semana, pueden pegarse y cementarse casi por completo al suelo del gallinero. En su lugar, use un piso de linóleo que pueda rociar con un dispositivo que tenga una boquilla pulverizadora eléctrica y luego agregue arena para pollos encima.

Existe una técnica llamada cama de pollo profunda, que se utiliza para crear abono bajo una capa alta de arena. Consiste en dejar que cualquier cosa que quede en el suelo se convierta en abono y luego poner arena encima, cosa se convierte en un trabajo de limpieza grande que se hace cada pocos meses. En realidad, todo depende de lo que usted prefiera para gestionar su tiempo. Queda de su parte decidir si sería mejor poner un suelo de linóleo y limpiar el gallinero una vez a la semana o hacerlo una vez cada pocos meses usando una cama de pollo para hacer abono.

Otro elemento relacionado con el mantenimiento de los pollos que debe considerarse es el estrés. Las gallinas son muy propensas a sufrir de estrés, y cuando esto sucede, dejan de poner huevos. Uno de los mayores factores que pueden llevar al estrés y a la pelecha es una mala alimentación. Los pollos son omnívoros y requieren muchas vitaminas y proteínas, por lo que alimentarlos solo con pienso no será suficiente. En su lugar, puede darles cáscaras de huevo trituradas, cáscaras de ostras y asegurarse de que tengan un corral donde puedan buscar insectos. Es mucho más fácil integrar estos elementos en su dieta regular que tratar las enfermedades o la pelecha por estrés cada vez que la malnutrición se convierta en un problema.

También se debe planear lo que sucederá cuando las gallinas dejen de poner huevos. Cuando las gallinas dejan de poner huevos debido a su edad, tendrá que elegir entre permitirles vivir sus días de retiro en el gallinero o en el patio o procesar su carne. Es importante mencionar que las gallinas viejas no producen muy buena carne y procesarla no suele resultar en una cantidad suficiente de carne que valga la pena usar.

Por último, usted tendrá que hacer un plan para las condiciones climáticas extremas, lo que incluye el clima caliente y frío. Debido a que los pollos tienen un gallinero, tendrán un área interior a la que ir, así que use esa área interior para construir medidas que los protejan de clima extremadamente frío. La preparación para emergencias puede incluir lámparas de calor que se conecten o enciendan solo cuando sea necesario. Cuando se trata de temperaturas calientes, tal vez quiera asegurarse no solo de que haya suficiente sombra natural, sino que también haya algún tipo de unidad de enfriamiento adicional. Lo que muchos hacen es congelar grandes recipientes o botellas con agua durante la noche y luego los colocan en la parte con sombra del gallinero o en el corral que esté debajo del gallinero durante la parte más calurosa del día.

Las cabras y las ovejas

Las cabras y las ovejas suelen preferir tener un corral, aunque no lo usen todo el tiempo. Poner un cortavientos con hornilla y un techo puede hacer que las estaciones de invierno y verano sean mucho más fáciles para estos animales. Asegúrese también de que siempre tengan acceso a agua potable, y si donde usted vive el agua se congela en las tuberías, es posible que necesite un pequeño calentador para su recipiente de agua. Asimismo, siempre deben tener acceso a la comida, pero para prepararse para casos de emergencia, necesitará el doble de lo que normalmente comen durante el invierno.

Tanto con las cabras como con las ovejas, deberá tener un cercado alrededor de un pastizal muy específico, el cual no debe tener a todo el ganado junto. Las cabras y las ovejas pueden vivir juntas de forma bastante pacífica. Sin embargo, ninguna de ellas debe mezclarse con el pastizal de su vaca. Asegúrese de que el pastizal tenga algunos puntos de sol y un área de sombra.

Hay una característica especial de las cabras que no se aplica a las ovejas: las cabras son destructivas. Si se les da la oportunidad, las cabras irán a un área del terreno o incluso a su casa (donde no deberían estar) y destruirán prácticamente todo lo que puedan. Lo que necesitará en una cerca hecha de alambre tejido o una cerca especial para caballos que tenga al menos 1,2 m de altura. Recuerde que las cabras son excelentes trepadoras y pueden saltar bastante alto, así que mantenga cualquier estructura dentro del pastizal bien lejos de la línea de la cerca. Poner y mantener esta cerca no es solo parte del mantenimiento, sino también prevención para evitar tener que hacer más mantenimiento del necesario en el futuro.

La buena noticia sobre las cualidades destructivas de las cabras es que rotan los potreros (la división de los pastizales) mejor de lo que la mayoría de los equipos profesionales pueden hacerlo. Debería planear, como parte de su calendario de mantenimiento, rotar el pastizal de las cabras cada vez que se roten los cultivos.

Las vacas

Inicialmente podría parecer que las vacas son animales de bajo mantenimiento, pero en realidad no es así. Las vacas, además de la comida y el agua, necesitan sal y minerales en forma de lamederos y un pastizal espacioso. También es importante que usted pase tiempo con las vacas para reducir posibles comportamientos agresivos. Las vacas no son intrínsecamente agresivas, pero son animales muy grandes, y si se asustan o se sienten amenazadas, pueden hacer mucho daño a su propiedad y causar graves lesiones también.

El ganado ciertamente necesita tener un refugio, pero no tiene por qué ser exagerado. Si usted tiene una pared protectora contra el viento y un techo, o una estructura de 3 lados, eso será suficiente para que se refugien durante el mal tiempo.

Además de lo anterior, las vacas necesitan que se les corte el pelo y se debe programar una visita con el veterinario cada seis meses. El veterinario puede ir a su propiedad, hacer cualquier recorte de pelo necesario y tratar cualquier infección que pueda haber surgido en sus pezuñas. Además, las vacas deben ser vacunadas regularmente contra la rabia y una amplia variedad de otras enfermedades contagiosas. Algunas de las vacunas varían según la región, por lo que es importante que hable con su veterinario sobre estas vacunas y hagan un programa de vacunación.

¿Cómo hacer que su granja autosuficiente sea de tan bajo mantenimiento como sea posible?

Lo mejor que se puede hacer con el mantenimiento es hacerlo lo más sistemático posible. Eso significa depender en gran medida de sistemas automatizados y un calendario. Por ejemplo, con su ganado, puede tener una cita fija con su veterinario cada seis meses. Tener esa cita recurrente le quita el estrés de tener que llamar y programar una cita cada vez que piense que su vaca o cabra podría tener un problema en las pezuñas.

Los huertos de bajo mantenimiento suelen ser los estacionales o de temporada. Un huerto de temporada permite poner mantillo fresco y darle vida al suelo entre estaciones; sin embargo, agota la vida útil de las plantas. También puede hacer que sus huertos sean de bajo mantenimiento al implementar un sistema de riego, lo que le ahorrará tener que regarlos a mano.

Por último, utilice todos los recursos que pueda para asegurarse de que la limpieza del entorno del ganado sea lo más fácil posible, como es el que caso de los pollos que podrían tener suelo de linóleo en lugar de madera. Para las vacas, puede tener la pila de abono cerca del pastizal para que sea fácil añadir el estiércol a la pila. También se puede invertir en equipos que faciliten la recogida y el transporte del estiércol.

Haga un calendario de mantenimiento de la granja autosuficiente

A lo largo de los años, y a medida que desarrolle su granja autosuficiente, el calendario de mantenimiento de la granja autosuficiente irá tomando forma. Por ahora, puede comenzar con un calendario básico que establezca lo que debe hacer de mes a mes. Luego, después de su primer año en el *homesteading*, puede revisar el calendario y ver qué ha funcionado bien y qué no. Cada granja es única, y su entorno y las condiciones climáticas cambiarán drásticamente el aspecto del calendario de mantenimiento. Sin embargo, un calendario inicial podría verse así:

- **Enero**
  o Hacer metas
  o Calcular los gastos del año anterior
  o Sembrar semillas de interior
  o Limpiar y desinfectar los comederos y bebederos de los pollos
  o Asegurarse de que todas las lámparas de calor funcionan
- **Febrero**
  o Diseñar un huerto de primavera
  o Colocar los grifos en los árboles para obtener la savia y hacer sirope o jarabe
  o Podar los vergeles
  o Sembrar semillas de interior para el jardín de primavera
  o Recoger la cosecha del jardín de invierno
  o Limpiar cualquier área de los pastizales
- **Marzo**
  o Sembrar semillas de interior para finales de la primavera (como pimientos o tomates)
  o Cambiar la cama de los pollos y limpiar los ponederos
  o Comprar cerdos de engorde, cabras u ovejas
  o Revisar el mantenimiento de los techos y las estructuras
- **Abril**
  o Poner camas de plantas perennes y preparar un abono pesado una semana antes de plantar
  o Cultivar las primicias o vegetales tempranos
  o Comenzar a hacer la pila de abono
  o Cambiar las camas de pollos y limpiar los ponederos
  o Limpiar y desinfectar los comederos y los bebederos de los pollos
  o Instalar las pantallas que protegen contra el frío

- **Mayo**

o Planificar las plantas anuales

o Plantar vegetales de finales de la primavera

o Limpiar cualquier área de los pastizales

o Introducir nuevos pollos a la bandada

- **Junio**

o Empezar a cortar heno para el suministro de invierno

o Cambiar las camas de los pollos y limpiar los ponederos

o Cosechar y preservar las bayas

o Cosechar la producción de principios de la primavera y congelar los vegetales

o Sembrar para los cultivos de principios de otoño

- **Julio**

o Limpiar y desinfectar los comederos y bebederos de los pollos

o Hacer enlatados

o Congelar o encurtir la mitad de la cosecha

o Cortar el heno restante

o Hacer la siembra de los cultivos de finales de otoño

o Echar el mantillo del huerto

- **Agosto**

o Cambiar la cama de los pollos y limpiar los ponederos

o Sacrificar a los pollos parrilleros

o Congelar o enlatar la cosecha del vergel

o Recoger la cosecha del maíz y los cultivos de trigo

- **Septiembre**

o Hacer mantenimiento a los techos y las estructuras

o Limpiar y desinfectar los comederos y bebederos de los pollos

o Conservar los tomates

o Echar el mantillo al huerto

- **Octubre**

o Recolectar leña

o Enlatar puré de manzana

o Enlatar la mantequilla de calabaza

o Preparar el huerto perenne para el invierno

o Echar mantillo pesado a todos los huertos

o Cambiar la cama de los pollos y limpiar los ponederos

o Poner y comprobar el buen funcionamiento de todas las lámparas de calor

- **Noviembre**

o Congelar los productos horneados

o Sacrificar la segunda ronda de pollos parrilleros

o Echar mantillo a las camas de invierno

o Administrar el huerto de invierno

- **Diciembre**

o Actualizar el calendario de mantenimiento para el año siguiente

o Calcular un estimado de los impuestos

o Sacrificar a una vaca, cerdo, oveja o cabra

o Revisar las tuberías y bebederos para ver si están congeladas

El mantenimiento puede ser bastante fácil si se planea bien, pero en realidad no hay forma de saber lo que sucederá en el primer año. Usar un calendario estándar como este es un gran punto de partida, pues simplemente puede eliminar cualquier tarea que no se aplique a usted. Sin embargo, puede que tenga que hacer algunos ajustes sobre la marcha. También puede ser difícil comenzar el mantenimiento, ya que usted todavía estará desarrollando su granja autosuficiente y haciendo su plan de *homesteading*. Desafortunadamente, es difícil mantenerse al día con el mantenimiento. Por lo tanto, si el huerto es lo primero en la lista, entonces comience el mantenimiento del huerto el mes siguiente. Luego comience el mantenimiento del gallinero el mes siguiente a la mudanza de los pollos. Después comience el mantenimiento de su cosecha cuando llegue la primera. Eso puede ayudarlo a diseñar un calendario de mantenimiento a medida que va estableciendo su granja y puede facilitar el mantenimiento en el futuro.

Capítulo 11: Comparta su experiencia de aprendizaje

Una de las cosas únicas que vienen con el *homesteading* es la posibilidad de compartir su experiencia. Aunque usted está lejos de ser el único que se dedica al *homesteading*, los desafíos a los que se enfrente pueden no ser los mismos que otras personas ya han experimentado. Al compartir sus experiencias, puede ayudar a otros a prepararse mejor para los cambios de estación, los problemas con los cultivos y los animales y mucho más. Sin embargo, no se trata solo de retribuir a la comunidad del *homesteading*, sino que incluso puede crear otra vía de ingresos al compartir sus experiencias.

A través de los blogs y los eventos de la comunidad, usted puede convertirse en un profesor por su cuenta. Exploraremos cada forma en la que usted puede compartir sus experiencias, junto a los beneficios y posibles ingresos que podrían venir con cada opción. Si decide compartir su experiencia con el *homesteading* a través de un blog o de eventos dentro de su comunidad, deberá tener en cuenta el conjunto de habilidades que ya tiene y su capacidad para promocionarse a usted mismo y a la marca de su granja autosuficiente.

Videoblogs

Videobloguear, *vlogging* o *video logging* se trata de grabar sus experiencias y publicarlas en línea en formato de video. Generalmente, la gente que hace esto se llama "YouTuber" porque YouTube es la plataforma más popular en este momento. Sin embargo, la gente ya estaba creando video diarios y grabando ciertos aspectos de su vida mucho antes de que existiera YouTube.

Tranquilo, no se quede atascado preguntándose si usted puede ser un YouTuber. En lugar de eso, pregúntese si es capaz de documentar su vida a un ritmo casi imparable.

Para iniciar un *vlog* o videoblog, debería considerar algunos de sus elementos principales. Por ejemplo, debido a la popularidad de YouTube, es probable que tenga que crearse un canal de YouTube. Sin embargo, para llegar a otras audiencias, también podría considerar tener un sitio web. Además de un sitio web, puede llegar a seguidores, fans o personas que buscan contenido a través de plataformas de redes sociales como Instagram. Uno de los principales errores que cometen los principiantes del *vlogging* es que se encasillan en una sola plataforma. Luego, cuando otra plataforma despega y se vuelve popular, no pueden adaptarse a tiempo para mantenerse al día con todos los cambios.

Elementos esenciales de un videoblog

- Grabar videos de alta calidad de estilo documental
- Tener la capacidad de presentarse bien delante de la cámara
- Tener habilidades básicas de edición de video
- Tener un equipo de grabación
- Disponer de tiempo para dedicar a la publicación y mantenimiento del canal

Ahora, no es necesario comenzar con todas estas cosas. De hecho, mucha gente empieza grabando videos en sus teléfonos o aprendiendo a editarlos sobre la marcha. No hay necesidad de apresurarse y gastar miles de dólares en equipos de grabación de video si aún no está seguro de que funcionará para usted. En principio, si es algo que no le apasiona, no se preocupe. El *vlogging* puede alejar a algunas personas de sus pasiones, como la agricultura. Es común que los "YouTubers" experimenten desgaste y agotamiento después de unos años y luego abandonen completamente las cosas que querían compartir en su canal.

Si usted está dispuesto a trabajar, el *vlogging* ofrece muchas oportunidades en términos monetarios. Usted probablemente no se convierta en una celebridad de la noche a la mañana que recibe regularmente decenas de miles de dólares en ingresos por publicidad de YouTube. Sin embargo, podría ser capaz de crear un buen ingreso suplementario. Es importante señalar que el *vlogging* no suele convertirse un ingreso constante. Aunque los principales YouTubers ganan más de 10 millones de dólares anualmente, usted no debería esperar llegar a esos números. De hecho, Learning Hub hizo un estudio y promedió las visitas por cada video monetizado e informaron que se necesitaría cerca de 1.000 visitas en cualquier video para ganar menos de diez dólares. Técnicamente, los anunciantes que trabajan a través del sistema de monetización de YouTube pagan 0,18 dólares por vista o 18 dólares por 1.000 vistas, pero Google, el agregado de anuncios de la plataforma se queda con el 45% de esos ingresos como una especie de tarifa por ser el buscador, lo que deja a los videoblogueros con solo 9,90 dólares por 1.000 vistas. No obstante, existen otros elementos a considerar, y la publicidad a través del sistema de monetización de YouTube no es la única manera de hacer dinero como videobloguero. Algunos de los principales influenciadores o personalidades de YouTube no utilizan el sistema de monetización de YouTube porque no quieren que sus videos se interrumpan con anuncios cuando sus espectadores los ven. En su lugar, pueden alinear su marca personal con un patrocinador o trabajar con otras marcas locales para anunciarse de forma no invasiva. Mucha gente que se dedica al *homesteading*, hace artesanías o graba videos sobre su estilo de vida optará por hacer esto, ya que les permite dar información y aportes valiosos sobre marcas y productos dentro de la industria.

Pero, ¿qué pasa si usted no quiere anuncios ni patrocinadores? Bueno, de todas formas puede usar el *vlogging* como una plataforma para compartir sus experiencias sin que genere ingresos. O, puede crear su propia mercancía para promover su marca. Otra opción es crearse una cuenta en un sistema como Patreon, donde puede pedir a los suscriptores que paguen una cuota de membresía para acceder a contenido adicional o *premium* además de lo que usted ya ha publicado. A menudo, los videoblogueros que hacen esto crean videos divertidos y entretenidos de forma gratuita, y luego usan Patreon o alguna plataforma similar para ofrecer tutoriales, videos de instrucciones y más. Al hacer esto, usted necesitará tener un poco más de tecnología para una ejecutarlo todo adecuadamente. Es posible que necesite una lista de correo y un sitio web para asegurarse de que sus suscriptores *premium* reciban todo el contenido adicional que usted les prometió.

Entonces, ¿vale la pena? Para muchas personas, el *vlogging* es relajante y catártico. Es una salida creativa para compartir este cambio monumental en sus vidas. La mayoría de la gente no creció en la granja, y podemos decir con toda seguridad que incluso aquellos más experimentados pueden enfrentarse a situaciones inesperadas, y tales cosas surgen de la nada cuando construyen su granja autosuficiente. Si usted inicia un canal de videoblogs mientras construye su granja autosfuciente, o incluso durante el proceso de planificación, estará registrando o grabando su experiencia no solo para los demás, sino también para usted mismo. Esta es una forma única de compartir sus experiencias y de involucrarse en una comunidad que tal vez ni siquiera sabía que existía.

Blogs

Bloguear es exactamente como hacer *vlogging*, pero en lugar de usar un formato de video, se ofrece contenido escrito. Si a usted le gusta escribir o llevar un diario, entonces bloguear es una excelente manera de documentar y compartir su experiencia con el *homesteading*. Por lo general, a través de los blogs, usted publicará en una plataforma y se leerá como una mezcla entre un artículo y una entrada de su diario. En realidad, no se verá como una noticia o un artículo que podría leer en las plataformas de redes sociales, pues debería tener una estructura más conversacional. Muchas personas escriben sus blogs como si estuvieran hablando con un amigo cercano. Eso permite que el lenguaje sea un poco más flexible y se aleje de las estructuras rígidas que uno podría esperar ver en la mayoría de los libros de texto o guías.

Es importante señalar que no es necesario ser un escritor estrella para tener un blog. De hecho, aunque tener un dominio general de la gramática siempre es bueno, muchos blogs rompen las reglas estándar de la escritura. Debido a que la intención es escribir con un tono conversacional, el blog es mucho más indulgente con los fundamentos de la escritura; es algo que no se puede comparar con otras actividades como comenzar una novela o escribir un artículo de noticias semanal. Si lo primero que usted pensó fue: "no puedo escribir, así que no puedo tener un blog", entonces dese un poco de crédito e inténtelo de todas formas.

Algunos de los blogs sobre *homesteading* que se destacan son "The Self-Sufficient Homeacre" y "The Homestead Survival". Usan dos enfoques muy diferentes para escribir un blog en tono y estilo. Las áreas que cubren del *homesteading* también son diferentes.

Si vemos "The Self-Sufficient Homeacre", muchos de los artículos tienen que ver con el cultivo de plantas, la cría de pollos, la preservación de la cosecha y cocinar. Tiene el aspecto que se esperaría de algo relacionado con el *homesteading*. Si tomamos el artículo titulado "¿Cómo cultivar alimentos en espacios pequeños?", veremos que ofrecen una avalancha de opciones para cultivar plantas cuando no hay espacio suficiente. El tono es bastante directo, pero aun así amistoso y, visualmente, el sitio web es bastante limpio, pero contiene algunos anuncios publicados y anuncios de afiliados.

En cambio, "The Homestead Survival" tiene demasiados anuncios y la página web o el blog se ve bastante desordenado. Sin embargo, todo está organizado y tiene un lugar y generalmente es fácil de navegar. Lo que han hecho es crear opciones más pequeñas para acceder a secciones del sitio web que abordan diferentes necesidades. No se trata de desplazarse a través de interminables artículos que saltan de un tema a otro. Este blog ofrece consejos para el hogar, proyectos de bricolaje, remedios caseros, consejos para el almacenamiento de alimentos y conservas e incluso enseña habilidades con el cuchillo para aquellos que crían animales para la producción de carne. "The Homestead Survival" contrasta drásticamente con el otro blog y tiene un tono mucho más personal. Son transparentes en cuanto a sus números en términos de lo que gastan y lo que ganan, y explican si hacer algo uno mismo sale más barato que comprarlo prefabricado.

Nuestra intención con esta comparación es demostrar que el contenido en sí mismo puede variar drásticamente. Ambos blogs se tratan sobre *homesteading* y ambos generan ingresos para los dueños de sus sitios web. Sin embargo, es importante saber exactamente qué es lo que quiere entregar a través de un blog sobre *homesteading*. Se dedica mucho tiempo y dedicación a la creación y luego al mantenimiento de un blog, por lo que si usted no tiene confianza para manejar las tareas diarias que puedan o no generar ingresos, es posible que bloguear no sea adecuado para usted.

Para comenzar un blog, usted necesitará:

- Un sitio web o una plataforma como Tumblr
- ¡Mucho contenido! Es mejor empezar un blog con al menos 50 artículos listos para publicar.
- Tiempo para seguir escribiendo artículos; ¡la publicación consistente es clave!
- El nombre del dominio y el alojamiento web (que con rapidez puede resultar caro)
- Una presencia sólida en las redes sociales

A diferencia de lo que sucede cuando se usa una plataforma de video como YouTube, usted no tiene acceso a una base gigante de personas. Necesitará atraer tráfico a su sitio. Para generar tráfico a su sitio con la esperanza de que alguien haga clic en un anuncio o compre un producto de los anuncios afiliados, necesitará tener una presencia realmente sólida y amplia en las redes sociales. Es posible que usted termine combinando ambas actividades, es decir blogueando y videoblogueando, para generar los ingresos necesarios que esperaba al compartir sus experiencias.

Sin embargo, mucha gente elige hacer un blog sin anuncios o sin esperar algún ingreso de esta salida creativa. Si usted está buscando una manera de llegar a la comunidad del *homesteading*, un blog es una buena opción. No todo lo que haga en casa necesita generar un ingreso. Sin embargo, hay maneras de proporcionar una experiencia de usuario sin anuncios o de utilizar una plataforma gratuita que no se puede monetizar y aun así beneficiarse de su blog. Volviendo a Patreon, usted puede vender contenido de excelente calidad, productos e incluso lecciones individuales y, al mismo tiempo, tener un blog gratuito que sirva como una salida creativa.

Organizar eventos comunitarios e involucrarse

Organizar un evento comunitario es un asunto muy serio. Afortunadamente, muchas de las habilidades sociales que usted ha desarrollado al construir una granja autosuficiente le serán útiles aquí. Todo el trabajo que ha puesto en la planificación de la granja le resultará muy familiar cuando planifique su evento comunitario. Puede solicitar permiso a la ciudad para organizar un evento en su vecindario o para organizar un evento privado con capacidad limitada. Cada opción tiene diferentes requisitos en cuanto a permisos y planificación, por lo que es importante decidir, incluso antes de comenzar, qué tan grande debe ser el evento. Siempre es mejor empezar con algo pequeño e ir apostando por más paulatinamente. No es necesario organizar un evento para toda la ciudad si usted aún no sabe el grado de interés que hay dentro de la comunidad.

Eventos privados con una capacidad establecida

En teoría, usted podría organizar un evento privado en su casa y así no tendría que pedir ningún permiso al gobierno local. Sería más o menos lo mismo que hacer una barbacoa durante el fin de semana. Sin embargo, si usted venderá productos, ofrecerá comida u ocupará una cantidad sustancial del espacio de estacionamiento en la calle, es mejor notificar a la ciudad de sus planes antes que enfrentarse a una posible multa más tarde.

Cuando se planea un evento privado, se debe establecer un límite de la cantidad de gente que puede asistir. Siempre se puede empezar con una lista de personas a la que le gustaría invitar y preguntarles si hay alguien a quien les gustaría llevar, o dejarlo como una opción abierta en la lista de invitaciones dándole la oportunidad de llevar un invitado más a cada persona. Organizar eventos privados como este es una buena manera de saber cuánta gente está interesada en el *homesteading*. Sus hermanos o amigos cercanos podrían asistir con la única intención de apoyarlo a usted, pero aun así podría ser una experiencia divertida e informativa para ellos y para las personas que lleven.

Si usted organiza un evento privado, lo mejor sería enfocarse en alguno de los elementos principales del *homesteading*. Intentar cubrir todo lo relacionado con el *homesteading* en solo una o dos horas sería abrumador para usted y lo asistentes. Sin embargo, si realiza un evento privado sobre, por ejemplo, el cultivo de hierbas, puede controlar mejor la conversación y mantener a la gente ocupada en lugar de saltar del cultivo de hierbas a la cría de pollos.

Tenga en cuenta que cuando se organiza un evento privado, lo mejor siempre es cumplir con todo lo que un anfitrión debe hacer. Eso significa asegurarse de que hay suficiente espacio estacionamiento disponible y tener comida o algún tipo de bocadillos y bebidas. Haga que sus invitados se sientan cómodos para que resulte una gran experiencia para todos los involucrados.

Eventos para el vecindario

Los eventos para el vecindario pueden ser muy divertidos y podrían convertirse en un evento que se organice mensual o anualmente. Si en su vecindario no se hacen fiestas en la cuadra o vecinales, entonces puede que no sepa por dónde empezar. En primer lugar, recorra el vecindario y averigüe cuánta gente está interesada. En este momento, puede que sus vecinos ya sepan que el limonero de su granja autosuficiente es el mejor lugar para conseguir limones en la ciudad. Entonces, ¿por qué se perderían la oportunidad de intercambiar ideas sobre las plantas que son cultivadas en casa y las diferencias entre lo que usted produce en su hogar y lo que se encuentra en el supermercado?

Cuando se organiza un evento para el vecindario, se debe esperar la asistencia de mucha más gente de la que se podría tener en un evento privado. Esto le da un poco más de libertad para abordar diferentes elementos relacionados con el *homesteading* y cubrir una gama más amplia de temas que solo esa única cosa de la que la gente quería hablar. Cuando planifique un evento para el vecindario, usted debe tener la colaboración de otros vecinos, así como de la ciudad, para asegurarse de tener permisos para todo y de que haya suficientes actividades y puestos de información para que todos se entretengan.

Uno de los elementos más importantes que se deben dejar claros cuando se planifica un evento para el vecindario es informar que usted está disponible para ayudar a la gente que quiere empezar. Compartir sus experiencias es el primer paso para ayudar a otras personas a entender y tal vez comenzar a incursionar en el mundo del *homesteading*. Básicamente, cuando usted comparte su experiencia en una situación cara a cara, debe estar abierto a involucrarse mucho más.

Voluntariado a través de los canales comunitarios

Recurrir a los canales comunitarios como los clubes de la organización 4-H o de los *Future Farmers of America* es una gran manera de involucrarse con la comunidad. Estos y otros grupos similares conectan a los adultos que tienen un cierto conjunto de habilidades con adolescentes y niños que tienen como objetivo desarrollar esas mismas habilidades. Como agricultor autosuficiente, su capacidad para compartir sus experiencias puede ayudar a otros a desarrollar un conjunto de habilidades para construir la autosuficiencia dentro de su estilo de vida. Ser un participante activo en estas comunidades le permite compartir sus experiencias, pero también le permite comprometerse a un nivel más profundo.

No solo le estaría enseñando a los niños cómo se incuban los polluelos, sino que les enseña el ciclo de vida natural y la importancia de lo que los pollos hacen por nuestro mundo. Para muchos, es una forma edificante de compartir sus experiencias, porque van más allá de lo que sucede en su mini granja y se expanden para mostrarle a la gente cómo pueden tener una experiencia similar y construir algo para ellos también.

Involucrarse con las organizaciones comunitarias es bastante fácil. Contacte con las sucursales locales de los clubes bien establecidos que mencionamos anteriormente o con la ciudad y el distrito escolar. Incluso si su ciudad no tiene un club 4-H local, es probable que algunas de las escuelas secundarias de su área tengan clases de agricultura. Debido a la forma en que el sistema escolar ha cambiado, muchas personas en esas clases no tienen acceso a un huerto real, por lo que todo el aprendizaje es teórico. Pero al ofrecerles sus experiencias y posiblemente su granja autosuficiente por un corto período de tiempo, usted puede conectarse con adolescentes o adultos jóvenes que buscan maneras de desarrollar sus habilidades.

Comparta a través de la narrativa

Ahora que ya tiene una idea de los diferentes métodos para compartir su experiencia, podría preguntarse qué viene después. ¿Qué historias tiene que contar? ¿Es el trabajo en una granja autosuficiente demasiado aburrido para compartirlo con los demás? ¿Es demasiado parecido a lo que todos los demás ya están haciendo?

Una de las razones por las que hablamos de los dos blogs más populares del mundo del *homesteading* fue para mostrar sus diferencias. Abra dos videoblogs sobre *homesteading* en YouTube y obtendrá dos explicaciones y puntos de vista drásticamente diferentes porque las experiencias de cada persona son únicas. Usted podría haber sufrido la misma ola de frío que un compañero que también se dedica al *homesteading*, pero no hay manera de que usted y esa persona lo hayan experimentado de la misma manera, hayan respondido de la misma manera o se hayan enfrentado a las mismas dificultades con sus plantas y animales.

Una de las mejores maneras de empezar a compartir sus experiencias, sin importar la plataforma, es usar la narrativa. Narrar historias es algo que hacemos de forma natural y es una gran manera no solo de enseñar, sino de identificarse con la gente con la que está compartiendo una experiencia. Por ejemplo, puede hacer una lista y decir que en caso de una helada fuerte, se puede hacer X, Y y Z para mantener los cultivos. Sin embargo, eso no comunica su experiencia. En cambio, si narra una historia, puede decir algo como esto:

"El invierno llegó, pero no me preocupé demasiado porque estaba el desierto. Mis experiencias con el *homesteading* serían más duras en el verano, cuando tenía que preocuparme por mantener todo vivo en medio del inclemente calor. Pero cuando llegó el invierno, me di cuenta de que el desierto puede ser sumamente frío. No había preparado leña o baterías adicionales y no había planeado en absoluto cosas como colocar lámparas calefactoras. Después de la primera noche, mis pollos estaban estresados después de haber pasado toda la noche sin agua y mi pobre huerto de hierbas se había congelado. Salí al día siguiente, conseguí un pequeño calentador de agua para el agua de mis pollos e instalé un cable de calefacción eléctrica a través de la parte de mi huerto que logró sobrevivir a esa cruel primera noche".

En pocas palabras, publicar una lista o un tutorial no ayuda realmente a la comunidad ni lo ayuda a explorar sus experiencias desde un punto de vista reflexivo de la manera como lo hace narrar una historia.

Cuando comparta sus experiencias, tenga en cuenta que la gente está escuchando, está interesada y usted tiene algo importante que compartir. Sus experiencias pueden ayudar a otros a construir mejores granjas autosuficientes o incluso animarlos a intentar vivir una vida más autosuficiente por su cuenta. Es algo que toda persona que se dedica al *homesteading* debería considerar hacer debido a lo mucho que compartir su experiencia puede contribuir a la comunidad. También puede ofrecer poco de alivio de su parte, pues tendrá la oportunidad de mirar atrás y ver que lo que se sentía como una lucha monumental en ese momento, ahora en retrospectiva parece simple. Usted se dará cuenta de que era algo importante que necesitaba aprender y que cambió drásticamente su sistema de *homesteading*. Compartir la mayoría de sus experiencias puede ayudar a otros a prepararse mejor y a entender las soluciones únicas se le ocurrieron a usted para enfrentarse a los diversos desafíos del *homesteading*.

Capítulo 12: Expanda su granja autosuficiente

Pocas personas que se dedican al *homesteading* se sienten satisfechas si solo hacen el mantenimiento básico y cuidan de sus tierras. La mayoría tiene ese impulso que los lleva a continuar desarrollando y cultivando nuevas habilidades. No se sorprenda si, después de uno o dos años, cuando ya todo le parece fácil, usted busca añadir algo más a su granja autosuficiente.

Afortunadamente, hay una gran variedad de especialidades del *homesteading* que usted puede añadir a su tierra. Algunas de estas especialidades no necesariamente encajan en el modelo moderno de granja autosuficiente de patio trasero, pero si tiene espacio extra, no hay razón para que no pueda explorar todas las actividades más avanzadas del *homesteading*.

Introduzca ganado, cabras, ovejas, cerdos y perros de trabajo

Criar ganado es difícil y hay que considerar cuidadosamente cómo y cuándo los incluirá. Generalmente, las cabras y las ovejas necesitan poco espacio. Las cabras por sí solas no necesitan un lugar muy grande, pero pueden ser destructivas cuando no tienen suficiente espacio para moverse.

Asegúrese de que tiene la estructura necesaria y los pastizales listos antes de comprar más ganado. Cuando se expanda y añada más ganado, existen algunas opciones para determinar cómo contribuirán a su granja. El ganado, las cabras, las ovejas, los cerdos e incluso los conejos pueden contribuir al suministro de carne de la granja. Además, el ganado vacuno y caprino es excelente para la producción de leche. Si quiere criar ganado, también puede explorar opciones para compartir el rebaño y ofrecer los servicios de sementales (con motivos reproductivos) para que también genere ingresos.

Si usted añadirá ganado a su granja autosuficiente, debería considerar seriamente incluir un perro de trabajo también. Aunque siempre es bueno tener un perro en la casa, la prioridad de un perro de trabajo no será la amistad. Los perros de trabajo bien criados tendrán una necesidad constante de estar cerca de la manada y sirven como una forma de protección y alivio del estrés. El ganado, las cabras y las ovejas pueden beneficiarse de un perro de trabajo. Un perro de trabajo puede ayudar a la manada a concentrarse y orientarse. Puede hacerles compañía, puede darles una sensación de seguridad y puede alertarlos si algo va mal a cualquier hora del día o de la noche.

Algunas de las mejores razas de perros de trabajo incluyen el perro de montaña bernés, el gran danés, los pastores alemanes, los pastores australianos y los sabuesos. Estas razas son todas atléticas y deberían, con un entrenamiento adecuado, llevarse bien con casi todos los demás animales. Además, la mayoría de estas razas no tienen problemas para atacar a plagas más grandes como mapaches o zarigüeyas que puedan molestar a su manada.

La apicultura

Como granjero autosuficiente, agregar abejas a su propiedad puede asegurar que siempre tenga un edulcorante natural en casa. Además, las abejas pueden ayudar a polinizar sus huertos, lo que significa un mejor rendimiento de la cosecha. Realmente no hay ninguna desventaja relacionada con la apicultura, excepto tal vez alguna picadura ocasional. Para empezar, debería contactar con las organizaciones apícolas locales y aprender cómo usan su colmena las abejas. Usted deberá tener lista la colmena y todos los materiales necesarios disponibles antes de que lleguen las abejas a su propiedad. Siempre es mejor empezar la colmena en primavera para que las abejas puedan ponerse a trabajar inmediatamente.

Sin embargo, también tendrá que aprender a cosechar la miel, mantener la colmena limpia y almacenar la miel adecuadamente. La apicultura puede abrirle muchas puertas en cuanto a la creación de productos con cera de abeja y el uso de la miel recolectada en casa en su cocina. Las abejas no necesitan mucho espacio, y no se necesita una colmena grande, por lo que se puede comenzar a dedicarse a la apicultura con solo una pequeña cantidad de espacio.

La acuaponía

La acuaponía es una combinación entre la acuicultura y la horticultura. Los peces producen residuos que alimentan a los microbios, luego esos microbios alimentan a las plantas con nutrientes y después el agua es filtrada por las plantas y regresa a los peces. Es un sistema complejo y requiere una planificación bastante cuidadosa. Además, se deberá hacer mantenimiento al agua constantemente para asegurar que los peces están saludables y que plantas son seguras. Pero la recompensa es que podrá tener más vegetales ricos en nutrientes y tendrá pescado disponible en su patio trasero.

Para empezar con la acuaponía, podría considerar tener un estanque de peces. Luego, se puede comenzar la introducción de la acuaponía con pasos controlados. Los peces de un estanque necesitan algunos cuidados, pero generalmente son autosuficientes. Es posible que necesite una bomba para mantener el estanque limpio y puede que tenga que alimentar a los peces con regularidad.

La hidroponía

¿Y si ese garaje o cobertizo que usted no usa pudiera convertirse en más espacio de huerto? La hidroponía es la forma de cultivar plantas sin tierra. Con la hidroponía, las plantas generalmente crecerán más rápido y ofrecerán mayores rendimientos. Además, se puede ahorrar mucho espacio porque en lugar de depender de un suelo denso en nutrientes, le da a las plantas agua oxigenada rica en nutrientes.

Aunque la hidroponía requiere mucha investigación para entenderla y aplicarla, el enfoque básico es mantener las raíces de las plantas húmedas con soluciones de agua que tengan alta densidad de nutrientes. También se debe proporcionar el tipo de iluminación adecuado a las plantas que se estén cultivando. La mayoría de las plantas que tendría en un huerto requieren luz solar directa o parcial indirecta. Por lo tanto, además de tener el sistema hidropónico instalado, si su huerto hidropónico está en el interior, también necesitarás un sistema de iluminación a escala real.

Los jardines verticales

¿Se ha quedado sin espacio y no se le ocurren buenas ideas para plantar más vegetales? Es posible cultivar jardines verticales donde las plantas se colocan en una maceta que cuelga a un lado de la pared. Puedes montar jardines verticales a un lado de su casa, cobertizo o incluso en el gallinero. Algunas personas se preocupan por el daño que el agua podría causar si colocan las macetas a un lado de la casa o en el cobertizo, pero eso siempre se puede evitar con un poco de planificación.

Los jardines verticales se están volviendo muy populares por lo simple que es su fabricación. Solo asegúrese de tener suficiente tiempo para cuidarlos.

Expanda su granja autosuficiente

Es increíble lo mucho que construir una granja autosuficiente puede aumentar la confianza que usted tiene en su capacidad de desarrollar nuevas habilidades y probar cosas nuevas. Puede probar una amplia variedad de formas para expandir su granja, como cultivar un huerto de hierbas o explorar diferentes métodos de cultivo de plantas. La expansión de una granja autosuficiente no siempre requiere más espacio. Recuerde siempre ser creativo y usar los recursos que tenga disponible. Aquellos que se dedican al *homesteading* suelen ser expertos en encontrar nuevas soluciones creativas para lograr sus objetivos. ¡Establezca nuevas metas y planifique el desarrollo de nuevas habilidades para celebrar el aniversario de su granja autosuficiente!

Conclusión

El *homesteading* es una experiencia gratificante. Usted aprenderá a planificar durante todo el año, acomodándose a las diferentes estaciones y viviendo de la tierra. También se enfrentará a desafíos que pueden exigirle mejorar sus habilidades y destrezas. El *homesteading* se trata de ser autosostenible mientras se cultiva la tierra que hay disponible. Es la oportunidad de aprender a vivir de forma sencilla mientras desarrolla sus habilidades y su personalidad de una forma que probablemente nunca pareció posible en nuestra era tecnológica.

Utilice los métodos de planificación, preparación, cultivo y crianza de este libro para ayudar a trazar el mapa de sus primeros años como agricultor autosuficiente. Luego, empújese más. Comparta sus experiencias y ayude a otros a desarrollar habilidades que les ayuden a ser más autosuficientes. El *homesteading* es un estilo de vida que trae alegría y alivio a su vida mientras llena sus días con tareas y pasatiempos que a diario dan frutos en forma de excelentes recompensas físicas y emocionales.

Segunda Parte: Gallinas domésticas

Una guía completa para la crianza de gallinas para principiantes, incluyendo consejos sobre la elección de la raza y la construcción del gallinero

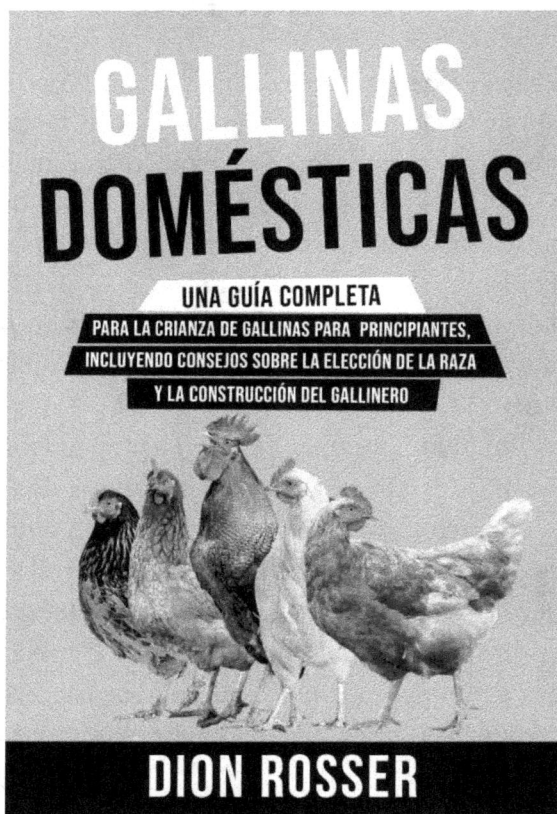

Introducción

La autosuficiencia, especialmente en lo que se refiere a sus fuentes de alimentación, puede ser extremadamente liberadora. Nadie quiere pasar horas leyendo las etiquetas tratando de averiguar si algo es saludable o no. Aunque no puede controlar de dónde viene toda su comida, criar gallinas en el patio trasero es una forma de asegurarse de que está obteniendo huevos sanos y saludables de su propia bandada.

Las gallinas son de muy bajo mantenimiento, y esta es probablemente la razón por la que criar gallinas domésticas se ha convertido en un pasatiempo popular. Después de todo, ¿quién no querría una mascota que también proporcione huevos frescos? Sin embargo, no todo se trata de los huevos. Las gallinas no solo son una fuente de huevos, sino que también son interesantes mascotas familiares que toda la familia puede disfrutar.

Aunque le interese la crianza de gallinas en su patio trasero, probablemente no sepa por dónde empezar o incluso cómo hacerlo. Por eso hemos compilado una guía simple y directa para los principiantes que quieran criar gallinas. Algunas personas pueden no tener ninguna experiencia con la crianza de gallinas, pero eso no debería disuadirlo de tomar este gratificante hobby.

Este libro le ofrece información detallada sobre cómo iniciar su bandada en el patio trasero. Queremos que pueda cuidar de las gallinas una vez que las tenga, por lo que este libro también le ofrece información detallada sobre cómo criar, cuidar y mantener sus gallinas domésticas. Desde la construcción de un gallinero hasta el equipamiento del mismo, se incluyen todos los accesorios que necesita para cuidar de sus gallinas, y se proporciona toda la información necesaria para comenzar.

Una parte significativa del libro está dedicada al cuidado adecuado de los polluelos y cómo criarlos desde bebés de un día hasta gallinas adultas que ponen huevos. Entendemos que el cuidado de las mascotas es un proceso delicado, y este libro tiene como objetivo equiparlo con todo el conocimiento necesario para criar una bandada saludable y feliz.

Tenemos una sección dedicada a la comprensión del comportamiento de las gallinas que está orientada a ayudarle a vincularse mejor con su bandada. Esa parte del libro está diseñada para ayudarle a captar cualquier señal de socorro en su bandada o cualquier signo de enfermedad. Si ha pensado en criar gallinas domésticas por un tiempo, este es el libro que lo guiará en cómo hacerlo. No es necesario ser un granjero en un entorno rural para criar gallinas sanas. Con las herramientas y la información adecuadas, puede transformar su patio trasero en un refugio seguro para las gallinas.

Naturalmente, el primer lugar para comenzar su viaje a la crianza de gallinas domésticas es entender por qué necesita hacerlo.

Capítulo 1: ¿Por qué criar gallinas en casa?

La crianza de gallinas ya no es solo cosa de personas con granjas rurales. Cada vez más personas se dedican a criar gallinas en sus patios traseros. Probablemente lo haya pensado usted mismo, pero, como en cualquier otro proyecto, todavía se pregunta si los pros son mayores que los contras. Si el atractivo de los huevos frescos no es suficiente para convencerle, todavía hay muchas razones para criar gallinas en su patio trasero.

Ya sea que busque un pasatiempo satisfactorio o, como muchos otros, quiera tener más control sobre lo que hay en su mesa, las gallinas son un gran lugar para empezar. Para la mayoría de las personas que consideran la posibilidad de criar mascotas o ganado de cualquier tipo, el espacio suele ser uno de los principales factores disuasorios. Lo bueno de elegir gallinas es que no ocupan mucho espacio. Si tiene un pequeño patio trasero, aún puede alojar cómodamente una pequeña bandada de gallinas. Para una modesta bandada de unas seis gallinas, necesitará aproximadamente 110 pies cuadrados de espacio. Es por eso que más y más personas han comenzado a criar gallinas en sus patios traseros. Con solo una modesta cantidad de espacio, puede tener su propio suministro de huevos frescos fácilmente disponibles y un pasatiempo gratificante para arrancar.

Otra preocupación clave que puede tener al decidir criar gallinas es cuánto tiempo y mantenimiento se requiere. Las mascotas vienen con su cuota justa de mantenimiento, y las gallinas no son diferentes. Sin embargo, las gallinas son de bajo mantenimiento, y esta no es una de esas actividades que le quitarán horas de su tiempo. Mantener las gallinas requerirá algún esfuerzo de su parte, pero en su mayoría, estas aves son bastante autosuficientes y no requieren de cuidados las 24 horas del día.

Mientras tenga un gallinero seguro para mantener su bandada a salvo de los depredadores, encontrará que las gallinas requieren poca atención. La mayoría de la gente encuentra que el cuidado diario requerido para las gallinas toma menos de media hora al día, así que este no es uno de esos pasatiempos que resultará ser un consumo de tiempo.

Si tiene un perro o un gato, se dará cuenta de que las gallinas son más fáciles de cuidar que los perros o los gatos. Las gallinas no necesitan tanta atención humana como otras mascotas del hogar. Siempre que estén bien alimentadas y alojadas, se dará cuenta de que puede dedicarse a sus asuntos sin tener que vigilarlas todo el tiempo. La mayoría de las personas que crían gallinas le dirán que son fáciles de mantener porque son bastante independientes.

Para las personas que tienen niños en casa, tener mascotas que puedan estar cerca de sus hijos con seguridad y también ayudar a cuidarlas es siempre una ventaja. En lo que respecta a las mascotas, las gallinas no son territoriales y la mayoría no son agresivas. Esto significa que son excelentes mascotas que sus hijos también pueden disfrutar cuidándolas. Nada enseña mejor a los niños pequeños sobre la responsabilidad que el hecho de que ellos ayuden a cuidar una mascota.

Observar a las gallinas también puede ser un pasatiempo divertido e interesante. Las gallinas tienen personalidades y peculiaridades individuales que las hacen divertidas de observar. También pueden ser hermosas, y dependiendo de la raza, algunas pueden ser únicas en términos de apariencia. Algunas gallinas también son amigables y se acercarán a usted o a sus hijos siempre que estén a su vista. Esto significa que este gratificante pasatiempo será cualquier cosa menos aburrido.

Si su patio trasero está bien cerrado, puede dejar a las gallinas en libertad durante el día, ya que las gallinas tienden a ser bastante amigables y no serán agresivas. Por supuesto, si va a dejar a sus gallinas libres en el patio trasero, debe asegurarse de que estén a salvo de los depredadores.

Si su patio trasero está bien cerrado, puede dejar a los pollos libres durante el día, ya que los pollos tienden a ser bastante amigables y no serán agresivos. Por supuesto, si va a dejar a sus pollos libres en el patio trasero, debe asegurarse de que estén a salvo de los depredadores.

Aunque tener una mascota es genial, los pollos tienen el beneficio adicional de ser una fuente de alimento fresco en términos de huevos y carne. Aunque se pueden comprar huevos en el supermercado, nunca se puede estar seguro de la frescura o la calidad de los huevos comprados en la tienda. La creciente popularidad de la crianza de gallinas domésticas, incluso entre celebridades como Jennifer Aniston, Martha Stewart, y muchos más, se debe en parte a que las personas son cada vez más conscientes del tipo de alimentos que comen. Cuando obtiene sus huevos de sus propias gallinas, sabe lo que han estado comiendo, y usted está, por lo tanto, en control de lo que está comiendo. Esto significa que puede elegir alimentar a sus gallinas con comida orgánica y, como resultado, disfrutar de huevos orgánicos que son nutritivos y libres de aditivos GMO.

Cuando compra productos de una tienda de comestibles, tiene poco conocimiento de qué tipo de producto está obteniendo o cómo se criaron las gallinas que produjeron los huevos. Esto significa que no puede estar 100% seguro de la calidad o la frescura de los huevos que está recibiendo. Pero con su propia bandada, usted tiene el control sobre lo que comen, y recoge los huevos diariamente, por lo que la frescura y la calidad están garantizadas. Esto también se aplica a las personas que quieren tener gallinas para carne. Con sus propias gallinas, se le asegura la calidad y que lo que termina en su mesa de comedor está libre de cualquier químico o aditivo dañino.

Los estudios de investigación muestran que los huevos de las gallinas de corral tienden a tener mayores concentraciones de nutrientes como el betacaroteno, el omega 3 y las vitaminas A y E que los huevos procedentes de gallinas en batería o de gallinas criadas en jaulas. Por lo tanto, si usted ha estado indeciso acerca de la crianza de sus propias gallinas, considere los beneficios adicionales para su salud y la de su familia que se derivan de tener control sobre el tipo de huevos que come.

Los huevos y la carne de gallina también pueden proporcionarle una fuente de ingresos adicional. Muchas personas prefieren los productos orgánicos, y puede encontrar fácilmente un mercado para cualquier huevo extra que sus gallinas produzcan. Esto significa que además de proporcionarle alimento a usted y a su familia, las gallinas también pueden servir como fuente de ingresos, y en última instancia puede encontrar que las gallinas terminan pagando por su alimentación y el costo de mantenimiento.

Si una nutrición saludable le parece buena, pero no está seguro del tipo de costos que implicará la crianza de gallinas domésticas, es otra área en la que las gallinas tienen una ventaja sobre otros tipos de mascotas. Las gallinas son relativamente baratas de adquirir y mantener. Para la mayoría de las razas de gallinas, los costos de compra por ave generalmente oscilan entre 3 y 30 dólares. Este costo dependerá de factores como la edad y la raza, pero considerando todo, para una mascota que le va a proporcionar huevos y carne, el costo inicial para la crianza de gallinas domésticas es bastante mínimo.

En cuanto a la alimentación de las gallinas, esta es otra área que no le costará demasiado. Las personas con bandadas modestas de seis aves o menos encuentran que la alimentación de las gallinas solo les cuesta entre 20 y 30 dólares al mes. La comida para gallinas tiende a ser barata y está disponible en tiendas de alimentación, tiendas de mascotas e incluso en tiendas de comestibles. Habrá diferencias en el costo de la alimentación según la marca que escoja y el tipo de alimento que elija, pero en promedio, la mayoría de las personas encuentran que la alimentación para gallinas es asequible.

Otra ventaja cuando se trata de alimentar a las gallinas es que son omnívoras y por lo tanto tienden a comer la mayoría de los tipos de alimentos. Además de la comida para gallinas, encontrarán que las gallinas comerán felizmente cualquier desecho de su mesa. Esto significa que los restos o las sobras de la mesa no tienen por qué desperdiciarse.

Las gallinas también son grandes buscadoras. Cuando se les deja vagar en áreas abiertas como patios o jardines, desenterrarán bichos y otros tipos de comestibles que encuentran en el suelo. Las gallinas no son comedores quisquillosos, y esto significa que no debe preocuparse por mantenerlas bien alimentadas y felices. Por supuesto, es importante asegurarse de que coman cosas saludables, ya que se quiere que produzcan huevos de alta calidad.

Para las personas con jardín, las gallinas no solo son mascotas baratas y de bajo mantenimiento, sino que también producen el mejor abono natural. Si desea fertilizar su jardín con abono orgánico, las gallinas le proporcionarán uno de los mejores fertilizantes naturales. El estiércol de las aves de corral contiene mucho nitrógeno, fósforo y potasio, así como otros nutrientes esenciales que mejoran la calidad de su suelo y le dan plantas más saludables.

Como el estiércol orgánico es más seguro para el medio ambiente, sus cultivos y su salud, puede simplemente limpiar el estiércol de gallina del gallinero y añadirlo a su montón de abono. Además, si sus pollos son de corral, fertilizarán eficazmente la tierra de su jardín o patio mientras deambulan. Dado que las gallinas también tienden a cavar y escarbar el suelo en busca de insectos y a comer hierbas no deseadas, son excelentes cultivadores de jardines, especialmente cuando se prepara para plantar o acaba de limpiar su jardín.

Cuando desee preparar el jardín para la próxima cosecha, las gallinas pueden ayudar a limpiar y fertilizar el jardín. Al utilizar el estiércol orgánico de las gallinas en lugar de fertilizantes artificiales y otros productos químicos, le resultará mucho más fácil cultivar productos orgánicos en su jardín. El tipo de productos o químicos que utilice en su jardín terminará en sus plantas y, en última instancia, en sus alimentos, por lo que el estiércol orgánico le da la opción de cultivar alimentos que son orgánicos y libres de productos químicos nocivos. Si desea cultivar de forma más orgánica y reducir el uso de productos químicos artificiales y fertilizantes en su jardín, encontrará que el estiércol de gallina es una excelente alternativa económica.

Las gallinas pueden ser una de las mascotas más útiles que puede tener en tu patio. Estas útiles aves son buenas para algo más que para los huevos y serán una valiosa adición a cualquier patio trasero. Si ha pensado en criar sus propias gallinas por un tiempo, con un poco de esfuerzo de su parte, puede disfrutar de una gran cantidad de beneficios de su bandada. Aunque necesitará hacer un esfuerzo para criar gallinas en su patio trasero, encontrará que las recompensas superarán con creces cualquier inconveniente.

Capítulo 2: Cosas a considerar antes de adquirir gallinas

Hay muchas razones que hacen que la crianza de sus propias gallinas sea una aventura placentera y gratificante. Desde tener un suministro de huevos frescos hasta el placer de ver crecer a sus pollos, la crianza de gallinas domésticas es atractiva en muchos niveles diferentes. Sin embargo, aunque criar gallinas es gratificante, sigue siendo una responsabilidad que requiere tiempo y esfuerzo.

Esto significa que antes de unirse al grupo de personas que crían gallinas en el patio trasero, debe asegurarse de que está a la altura de la tarea. Hay cosas importantes que debe tener en cuenta antes de embarcarse en la crianza de gallinas. Echemos un vistazo a algunos de los factores que debe considerar.

I. ¿Se permiten gallinas donde vive?

II. ¿Tiene suficiente espacio en su patio trasero para criar gallinas?

III. ¿Tiene tiempo para criar gallinas?

IV. ¿Con qué propósito está criando gallinas?

V. ¿Está preparado para los costos involucrados?

VI. ¿Tiene otras mascotas, y si es así, pueden coexistir con las gallinas?

¿Se permiten gallinas donde vive?

Si usted es un principiante en la crianza de gallinas, antes de considerar cualquier otro factor, primero debe asegurarse de que se le permita tener gallinas en su área. Esto significa que debe averiguar cuáles son las leyes locales. Lo último que desea es ponerse del lado equivocado de las ordenanzas y leyes locales.

Para saber si puede criar legalmente gallinas en el lugar donde vive, puede consultar con la oficina local de zonificación o la oficina del condado. La mayoría de los pueblos y ciudades tendrán sus propias regulaciones sobre la cría de ganado y aves de corral. Algunos condados también proporcionan recursos en línea que ofrecen orientación a las personas que desean criar aves de corral u otro tipo de ganado en sus patios traseros.

Es posible que tenga que adquirir un permiso para sus gallinas. Esto es más o menos similar al tipo de permiso que se obtiene para los perros o los gatos.

También es posible que, aunque las leyes de su área permitan la cría de gallinas, hay un límite en el número de gallinas que se le permite tener. Este límite dependerá de factores como el tamaño de su terreno y las líneas de propiedad. Sin embargo, cada condado tiene su propio límite en el número de gallinas que puede tener. Una vez que tenga esta información, podrá cumplir completamente con las regulaciones establecidas y evitar cualquier complicación en el futuro.

En algunos lugares, las ordenanzas locales son flexibles, y puede obtenerse un permiso para mantener aves adicionales por encima del límite estipulado. Otra regulación con la que necesita familiarizarse es si se le permite o no tener gallos. Los gallos tienden a plantear problemas de ruido, y la cría de gallos no está permitida en algunos pueblos y ciudades. Algunas zonas le permitirán tener un gallo, pero solo hasta los cuatro meses de edad.

También necesitará entender si sus ordenanzas locales le permiten tener gallinas que deambulen libremente en su patio trasero. Dependiendo del lugar donde viva, es posible que haya restricciones de encierro que requieran que mantenga a sus gallinas en un recinto o dentro de un ambiente contenido. Esta será una regulación importante para buscar claridad, especialmente si su objetivo es mantener a las gallinas como una bandada libre.

En algunas áreas, puede que necesite obtener la aprobación de los planes de su gallinero y los materiales de construcción antes de que pueda establecer un gallinero en su patio trasero. Antes de empezar a construir el gallinero, verifique las leyes locales para ver cuáles son las regulaciones. En algunos casos, encontrará que hay regulaciones de distancia impuestas para guiarlo sobre cuán lejos debe estar su gallinero de las líneas de propiedad. La distancia requerida desde las líneas de la propiedad puede variar entre 10 y 90 pies, así que asegúrese de tener claro lo que estipula la ley local antes de construir su gallinero.

Además de las leyes y ordenanzas locales, también tendrá que verificar si hay alguna reglamentación sobre la cría de aves de corral elaborada por la asociación de residentes de su vecindario. Dado que las gallinas pueden ser una preocupación higiénica ruidosa y maloliente para los vecinos, siempre es aconsejable verificar si existen leyes vecinales que regulen si se pueden criar gallinas o cómo se pueden criar. No es conveniente que agrave a sus vecinos, por lo que avisarles de su proyecto puede ayudar a asegurar cierta buena voluntad y a evitar la resistencia de las personas que viven en su zona.

En última instancia, las leyes de su zona determinarán si puede o no criar gallinas, cuántas puede criar y cualquier otra regulación. Si su pueblo o ciudad local no permite la cría de gallinas, eso no significa necesariamente la perdición de su sueño. Las personas han solicitado con éxito a sus gobiernos locales que cambien sus ordenanzas y leyes sobre la cría de aves de corral. Pueden hacerlo a través del ayuntamiento local. Cambiar las ordenanzas o leyes locales puede llevar algún tiempo, pero si se tiene paciencia y se es consecuente, se puede terminar haciendo que se reexaminen las regulaciones de la zona.

¿Tiene suficiente espacio en su patio trasero para criar gallinas?

Aunque las gallinas ocupan relativamente poco espacio, es necesario asegurarse de que el patio trasero tenga suficiente espacio para acomodar un gallinero y un corral para sus gallinas. La regla general es que necesita por lo menos 3 pies cuadrados de espacio por cada gallina en el gallinero. Esto significa que cuanto más grande sea la bandada que quiere mantener, más espacio será necesario.

El gallinero debe tener suficiente espacio para los comederos, los contenedores de agua y una caja de nidos, así como un área de descanso donde las gallinas puedan posarse. Las gallinas pasan mucho tiempo en sus gallineros, por lo que es importante asegurarse de que les proporcione un espacio seguro y cómodo. Cuando el gallinero es demasiado pequeño, las gallinas más pequeñas pueden ser acosadas por las más grandes. Además, tenga en cuenta que debe poder entrar en el gallinero para limpiarlo y recoger los huevos, por lo que debe asegurarse de que hay suficiente espacio en el gallinero para pararse y trabajar.

Las gallinas también necesitarán un corral. Este es el espacio en el que pueden vagar y buscar comida. En promedio, un corral de al menos 15 pies cuadrados por gallina es adecuado, aunque si tiene más espacio sería aún mejor. Cuando las gallinas tienen un amplio espacio en el gallinero y en el corral, es menos probable que se infecten con enfermedades y parásitos. Al igual que no quiere tener otra mascota encerrada en un espacio pequeño, asegurarse de que sus gallinas tengan suficiente espacio es crucial.

Si está buscando criar a sus gallinas en libertad sin corral, manteniéndolas en contención, cuanto mayor sea el espacio que tenga para sus gallinas, mejor. Esto significa que, en promedio, deberá trabajar con unos 25 pies cuadrados por gallina. Sin embargo, siempre tenga en cuenta que, si se permite a sus gallinas deambular libremente por el patio, debe tener medidas de seguridad que las protejan de los depredadores.

En general, las gallinas no serán muy exigentes en términos de espacio. Sin embargo, antes de embarcarse en la crianza de sus gallinas, deje a un lado el área en la que quiere criarlas. El tamaño de esta área le guiará en cuanto al número de gallinas que puede alojar cómodamente en su patio trasero. Las gallinas que viven en áreas espaciosas y bien diseñadas son, en última instancia, más saludables y felices.

¿Tiene tiempo para criar gallinas?

Tener una mascota es una responsabilidad, y las gallinas no son diferentes. Para evitar quedar atrapado en un pasatiempo para el cual no está preparado, es importante entender el tipo de responsabilidades que implica la crianza de las gallinas domésticas. Si bien la crianza de gallinas tiene más que su justa parte de beneficios, también hay tareas a las que enfrentarse, y cualquiera que busque criar gallinas tiene que estar dispuesto a dedicar el tiempo necesario.

La mayoría de las personas que crían gallinas domésticas le dirán que las gallinas son fáciles de mantener y no requieren atención las 24 horas del día. Sin embargo, todavía necesitan ser alimentados y darles de beber de forma diaria, sus gallineros deben ser limpiados, y, por supuesto, tendrá que recolectar los huevos. Esto significa que necesita asignar tiempo diariamente para la alimentación, así como para la recolección de los huevos de su gallinero.

Si bien treinta minutos al día puede no ser demasiado agotador para la mayoría de las personas, si viaja mucho o está lejos de su casa por períodos prolongados, necesitará tener a alguien que cuide de las gallinas mientras usted no está. Naturalmente, cuanto más grande sea su bandada, más tiempo necesitará para cuidar adecuadamente a sus gallinas. Para los principiantes, siempre es aconsejable empezar con una bandada modesta. Una vez que se familiarice con el mantenimiento y los detalles del cuidado de las gallinas, puede aumentar gradualmente el tamaño de su bandada.

Las gallinas tienden a defecar mucho, y el manejo del estiércol es algo habitual para las personas que crían gallinas domésticas. Este estiércol orgánico puede ser muy oloroso si se permite que se acumule, por lo que necesitará encontrar tiempo para limpiar su gallinero regularmente. Procure limpiar su gallinero semanalmente para evitar la acumulación de estiércol en el gallinero. Como el excremento de gallina puede albergar bacterias como la salmonela, necesitará tener un equipo de protección para usar cuando limpie el gallinero. Si tiene un jardín, este abono orgánico puede ser utilizado como fertilizante, por lo que también servirá para su jardín.

También tendrá que limpiar los bebederos y los comederos de las gallinas semanalmente para asegurar que sus gallinas tengan acceso a agua y alimentos limpios y no contaminados. La limpieza a fondo y la higienización profunda se puede hacer dos veces al año. Mientras que varias tareas estarán involucradas en el cuidado de sus gallinas domésticas, algunas de estas tareas solo necesitan hacerse semanalmente para que puedan ser fácilmente manejadas. Sin embargo, algunas personas consideran que algunas de estas tareas son desagradables, por lo que antes de decidir criar gallinas domésticas, debe asegurarse de que está a la altura de la tarea.

La salud y el bienestar de sus gallinas dependerá de lo bien que se las cuide. Esto significa que, aunque las gallinas le proporcionarán huevos y muchos otros beneficios, también tendrá que devolver el tiempo y el esfuerzo invertidos. La mayoría de las personas se meten en pasatiempos sin darse cuenta de cuánto tiempo y trabajo se requerirá, y terminan lamentando su proyecto. Evite este escollo considerando cuidadosamente cuánto tiempo está dispuesto a dedicar a la crianza de gallinas.

¿Con qué propósito está criando gallinas?

Las personas crían gallinas por diferentes razones. Algunos lo hacen por los huevos, otros por la carne, y algunos lo hacen por placer. Sea cual sea el motivo por el que desee criar gallinas será un factor importante a la hora de elegir el tipo y la raza de las gallinas a criar, el tamaño de su bandada y la forma en que decida criarlas.

Una gallina, contrariamente a la creencia popular, no es solo una gallina. Hay varias razas de gallinas, cada una con características únicas. Esto significa que algunas razas son más adecuadas para algunos propósitos que para otros. Las razas de gallinas varían mucho en términos de temperamento, niveles de ruido, capacidad de producción de huevos y muchos otros factores.

Algunas gallinas se adaptan mejor al confinamiento que otras, por lo que este tipo de razas funcionan bien para las personas que no van a criar sus gallinas en libertad. Cosas como el nivel de ruido y el temperamento también son factores importantes a tener en cuenta al determinar las mejores razas para mantener en el patio trasero.

Las razas de gallinas ideales para las personas que crían principalmente gallinas para huevos incluyen razas como Barred Plymouth Rocks y Rhode Island Reds. Estas dos razas son muy buenas para las gallinas domésticas. Son prolíficas ponedoras de huevos y le proporcionarán un flujo constante de huevos. Estas razas se adaptan bien al confinamiento y generalmente no son ruidosas, lo que significa que serán menos molestas para usted y sus vecinos.

Las Rhode Island Reds también tienden a ser dóciles y amigables, por lo que esta es una raza que incluso los niños pueden estar cerca y ayudar a cuidar. En esencia, estas dos razas cumplen la mayoría de los requisitos para lo que necesita una gallina de patio trasero. Otra raza que también funciona bien como gallina de patio trasero es el Gigante de Jersey. También tiene un temperamento tranquilo. Sin embargo, los Gigantes de Jersey tienden a ser grandes y pueden, por lo tanto, requerir más espacio que otras razas de puesta de huevos.

Si desea criar gallinas domésticas como mascotas o por placer, será mejor que elija razas tranquilas y dóciles como el Rhode Island Red. Las razas como la Araucana son más resistentes que otras razas de gallinas domésticas, pero tienden a ser temperamentales y pueden no ser las mejores mascotas, especialmente si tiene hijos. Así que, antes de comprar su primera bandada, siempre considere el propósito para el cual quiere las gallinas. Esto le ayudará a seleccionar la mejor raza para sus necesidades y evitar la desilusión en el futuro.

¿Está preparado para los gastos involucrados?

La crianza de gallinas es una empresa bastante barata. Sin embargo, aún hay gastos involucrados, y necesita estar listo para inyectar algo de dinero en su pasatiempo. Los costos iniciales implicarán gastos como el pago de permisos, la compra de sus gallinas y, por supuesto, el gasto de construir un gallinero y un corral para sus gallinas. Esto significa que los gastos más altos serán al comienzo de su emprendimiento. Una vez que tenga todo en su lugar, los gastos de mantenimiento tienden a estar relacionados en gran medida con la compra de alimentos y la obtención de atención veterinaria para sus gallinas sí y cuando surja la necesidad.

Al comienzo de su proyecto, primero tendrá que asegurarse de que tiene un recinto y un alojamiento adecuados para sus gallinas. Cuando se trata de gallineros, puede comprar un gallinero ya preparado o construirlo usted mismo. Aunque los gallineros prefabricados pueden ahorrarle el tiempo y el esfuerzo que requiere la construcción de uno, terminará gastando más dinero que si lo construyera usted mismo. Las tiendas online como Amazon tienen una amplia gama de gallineros disponibles que van desde los más económicos hasta los más caros. Esto significa que puede comprar uno que satisfaga sus necesidades, pero que esté dentro de su presupuesto.

Cuando se trata de gallineros, construir el suyo propio es una opción popular para la mayoría de los principiantes. Si es hábil con los proyectos al aire libre, puede ahorrarse un buen centavo si decide construir su propio gallinero. Todo lo que necesita son los materiales de construcción y un plan de construcción para su gallinero, y listo. Algunas personas disfrutan construyendo sus propios gallineros porque pueden hacerlo exactamente como quieren para que se adapte mejor a sus necesidades.

Otra ventaja en términos de gastos es que cuando elige construir un gallinero usted mismo, puede utilizar fácilmente material reciclado para hacer el gallinero. Esto significa que puede hacer uso de cualquier material apropiado que tenga a mano sin tener que comprar necesariamente nuevos materiales de construcción. Una vez más, esto es una ventaja si desea una forma rentable de empezar a criar sus gallinas domésticas. Algunas personas encuentran más fácil convertir un cobertizo sin usar en un gallinero. Si tiene un cobertizo al aire libre que no se usa, puede considerar convertirlo en un gallinero.

El otro gasto que deberá afrontar al principio de su proyecto es la compra de las gallinas. Las gallinas son mascotas baratas, y los precios empiezan desde 2 dólares dependiendo de la edad y la raza de las gallinas que necesite. Si desea ahorrar en los costos iniciales de compra, los polluelos son generalmente más baratos que las gallinas adultas, por lo que puede elegir comprar polluelos y criarlos usted mismo hasta que lleguen a la edad de poner los huevos.

Una vez que tenga sus gallinas y su gallinero en su lugar, tendrá que alimentarlas, por supuesto. Esto significa que tendrá gastos recurrentes en términos de compra de alimento. Para las gallinas ponedoras de huevos, el consumo medio de alimento semanal tiende a ser de alrededor de 700 gramos. Esto significa que, con una bandada modesta, una bolsa de alimento le durará bastante tiempo, y los gastos de alimentar a su gallina no serán altos. Las gallinas también son omnívoras, y tienden a comer la mayoría de las cosas. Esto significa que cualquier alimento sobrante no tiene que desperdiciarse, ya que puede alimentar a sus gallinas.

También puede incurrir en gastos adicionales en términos de atención veterinaria en caso de enfermedades. Además, planifique los gastos como la compra de comederos y bebederos y otros artículos diversos para su(s) gallinero(s). En general, dado que las gallinas que tendrá también le proporcionarán huevos y, para algunas personas, carne también, los gastos y beneficios suelen tender a equilibrarse a favor de los beneficios. Si ha decidido criar gallinas en su patio trasero, necesitará una inversión de capital, pero no será demasiado alta, especialmente si solo quiere mantener una pequeña bandada de gallinas.

¿Tiene otras mascotas, y si es así, pueden coexistir con las gallinas?

Antes de traer gallinas a casa, necesita estar seguro de que tiene un ambiente seguro para ellas. Si tiene otras mascotas, ¿podrán compartir el patio con sus gallinas? Las mascotas como los gatos y los perros no siempre están dispuestas a tener otros animales en su espacio. Por lo tanto, pueden representar un peligro para las gallinas. Esta es una consideración que debe tener en cuenta, especialmente si planea dejar a sus gallinas vagar libremente en el patio o vivir en libertad.

Si ha preparado un recinto para sus gallinas, asegúrese de que sea a prueba de depredadores, y sí, esto incluye asegurarse de que sus otras mascotas no podrán llegar a las gallinas o hacerles daño de ninguna manera. Las gallinas son susceptibles a muchos depredadores, y asegurar que se mantengan seguras será una de sus principales responsabilidades. Recuerde, incluso los perros o gatos amistosos pueden dañar a las gallinas, especialmente si aún están en la etapa de cría, así que siempre manténgalos alejados.

En última instancia, la crianza de gallinas es un pasatiempo gratificante, pero sigue siendo una responsabilidad que debe ser tomada en serio. Las gallinas necesitan cuidado y atención para prosperar y mantenerse sanas, así que antes de pensar en criar gallinas domésticas, prepárese para la responsabilidad que esto conlleva.

Capítulo 3: Encontrando la raza adecuada para usted

La decisión más importante que tomará cuando comience a criar gallinas domésticas es qué raza mantener. Para las personas que nunca han criado gallinas, puede parecer que todas las gallinas son muy similares. La verdad es, sin embargo, que hay diferencias significativas entre varias razas de gallinas. Esto significa que, para los principiantes, es importante entender las diferencias clave entre las diversas razas de gallinas y qué es lo que mejor se ajusta a sus necesidades.

Al elegir la mejor raza, su decisión se basará principalmente en la razón por la que quiere conservar las gallinas. Sin embargo, el propósito es solo una parte de lo que debe considerar. Estos son los factores clave que deben guiar su decisión sobre qué raza de gallinas es la mejor para su patio trasero.

1. Su principal propósito para criar gallinas.
2. Su clima particular.
3. El espacio que tiene disponible

<u>Escoger una raza basada en su propósito principal de criar gallinas.</u>

¿Está en esto por los huevos? Aunque todas las razas de gallinas ponen huevos, sus tasas de producción y el tamaño de los huevos varían de una raza a otra. Algunas razas son ponedoras de huevos más prolíficas, mientras que otras son productoras de huevos de tamaño medio. Si su principal objetivo en la crianza de gallinas es tener un suministro constante de huevos para su familia y tal vez incluso un excedente para la venta, entonces, naturalmente, quiere optar por las razas que producen la mayor cantidad de huevos durante todo el año.

Las mejores razas para la producción de huevos

- **Rhode Island Reds**

Esta raza es una de las más populares para poner huevos en los Estados Unidos y por una buena razón. Las gallinas rojas de Rhode Island pueden poner aproximadamente 300 huevos al año. Esta raza pone huevos marrones de tamaño medio. Si está buscando un campeón de puesta de huevos, Rhode Island es una apuesta segura.

Además de ser ponedoras prolíficas, esta raza es bastante de bajo mantenimiento, lo que la convierte en la favorita de las personas que quieren criar gallinas domésticas. Esta raza es robusta, y con una buena alimentación y un cómodo gallinero, este tipo de gallina prospera con poca atención requerida de su parte. También tienden a tener un temperamento suave, por lo que son excelentes mascotas.

- **Plymouth Rock**

Plymouth Rock es otra prolífica raza de puesta de huevos que se desempeñará bien como gallina de patio trasero. En promedio, esta raza pondrá aproximadamente 300 huevos al año. Otra razón para elegir esta raza es que se adaptan bien al confinamiento para que puedan prosperar en espacios pequeños.

Esta raza es dócil y es una gran mascota, ya que no es agresiva ni territorial. También tienen un llamativo plumaje blanco y negro que hace que sea una hermosa bandada.

- **Australorp**

Las Australorp son grandes ponedoras de huevos y pueden llegar a tener un promedio de 300 huevos por año. Esta gran raza requiere mucho espacio debido a su gran tamaño. Esto significa que serán una gran elección si tiene un gran patio trasero con mucho espacio para sus gallinas.

- **Black Sex Link**

Si desea un hermoso pájaro que aún le proporcione muchos huevos durante todo el año, Black Sex Link puede ser la raza adecuada para usted. Esta raza produce huevos de color marrón claro y puede llegar a un promedio de hasta 300 huevos por año.

Estas prolíficas ponedoras son un cruce entre la gallina roja de Rhode Island y la gallina de Barred Rock. Esta raza es popular no solo por su destreza en la puesta de huevos, sino también porque es una raza resistente que no requiere mucho mantenimiento.

- **ISA Brown**

Esta raza es también una prolífica ponedora que se adapta a las personas cuyo objetivo principal en la crianza de gallinas es la producción de huevos. Los gallinas ISA Brown pueden poner hasta 300 huevos por año, lo que las pone en liga con las mejores razas de puesta de huevos. Esta raza se adapta bien al confinamiento y a la vida en el patio trasero. Ya que son tan dóciles, esta raza también es una gran mascota familiar.

Las razas que producen huevos azules

Si le gusta una raza exótica que le dé algo más que los comunes huevos marrones o blancos, algunas razas de gallinas ponen huevos azules. Estas razas incluyen:

- **Araucanas**

Esta raza tiende a ser rara, pero es una gran gallina doméstica y le proporcionará huevos azules. Esta raza de gallinas es fácilmente reconocible, ya que carece de cabeza de cola, una característica común en otras razas de gallinas.

- **Cream Legbars**

Al igual que las Araucanas, la Cream Legbars tiene las piernas azules. Sin embargo, sus huevos tienden a venir en diferentes tonos de azul y no solo un único azul uniforme. Esta raza es, sin embargo, la mejor si se quiere criar gallinas de forma libre. Esto se debe a que no se adapta bien al confinamiento y no prosperará en la contención o en espacios pequeños.

- **Ameraucanas**

Esta es una raza distintiva que se destaca por su característica barba. Estas gallinas también ponen huevos azules y son una gran elección para los criadores de gallinas domésticas con gusto por lo exótico.

¿Está buscando una raza ideal para la producción de carne?

Si está criando gallinas específicamente para carne, entonces encontrará que algunas razas son más adecuadas para este propósito. En general, los buenos productores de carne tienden a ser razas grandes que típicamente crecen a un ritmo mucho más rápido que las razas de puesta de huevos. Esto, por supuesto, no significa que no se obtengan huevos de las razas productoras de carne. Solo significa que no son tan prolíficas en la producción de huevos como las razas ponedoras.

Las mejores razas de gallinas productoras de carne

• Gigante de Jersey

Fiel a su nombre, esta raza crece a un tamaño impresionante en 20 semanas. Es la raza favorita de las personas que crían gallinas domésticas como fuente de carne. Requerirán un amplio alimento para alcanzar su máximo peso.

• Los Freedom Rangers

Esta es una raza común productora de carne que crece bastante rápido. Si no tiene la paciencia para criar la raza Jersey Giant de maduración lenta, puede optar por quedarse con los Freedom Rangers. Esta raza crece hasta la madurez en unas 11 semanas. Esto la convierte en una elección popular entre los criadores de carne. Los Freedom Rangers también tienen la reputación de tener una carne de gran sabor. Sin embargo, requieren mucho espacio para alimentarse y moverse, así que elige esta raza si tiene espacio adecuado en su patio.

• Cornish Cross

El tamaño es un factor importante en la selección de las mejores razas de gallina para la producción de carne. Esta es una de las razones por las que la Cornish Cross de gran tamaño es la opción preferida por las personas que crían gallinas domésticas para carne. Esta raza crece rápido y alcanzará su plena madurez en unas seis semanas. Es famosa por sus grandes muslos y sus amplias pechugas, que son buenas cualidades para las razas productoras de carne.

• Bresse

Las Bresse no es la raza de gallinas productoras de carne de más rápido crecimiento, pero esta raza es popular entre las personas que buscan carne de calidad. Esta raza pesa aproximadamente 3 kilos. Por lo tanto, puede no ser tan grande como las otras razas productoras de carne, pero es una gran elección si se quiere una raza que no sea demasiado grande, pero que sea adecuada para la producción de carne.

¿Desea una raza de doble propósito?

Para algunas personas, la raza de gallina ideal es aquella que puede ser una fuente de huevos y de carne de buena calidad. Si esto suena como justo lo que necesita en sus gallinas domésticas, estas son las razas que debe considerar.

- **Marans**

Las Marans son una raza de gallinas que pueden servir tanto como un medio productor de huevos como una fuente de carne. Esta raza está disponible en una variedad de colores, incluyendo azul cobre, cola negra y cuco dorado, entre otros. Estas gallinas son una raza resistente que no requiere mucho cuidado y mantenimiento. Hacen grandes gallinas domésticas, ya que se adaptan bien al confinamiento y son generalmente de temperamento suave. Esta raza pone huevos marrones oscuro o color chocolate.

- **Sussex**

Esta raza es popular en todo el mundo y es una de las mejores razas si desea criar gallinas domésticas de doble propósito. Lo hacen bien como gallinas de corral y son buenas para buscar comida. Si desea una gallina que sea amigable con los niños, la dócil Sussex cumple con este criterio y es una gran mascota para la familia.

- **Wyandotte**

Esta raza viene en una variedad de colores y a menudo es criada como un ave de exhibición. Sin embargo, si quiere una raza que sirva tanto como fuente de huevos como de carne, el Wyandotte hace ambas cosas bien. También es una gran gallina doméstica, ya que se adapta bien al confinamiento y es naturalmente suave.

• Turken

Esta raza también se conoce comúnmente como gallina de cuello desnudo debido a que no tiene plumas en su cuello. Esta raza tiende a ser una gallina resistente y de bajo mantenimiento que es ideal como fuente de huevos frescos y de carne. Esta raza no es generalmente quisquillosa y es lo suficientemente educada para ser una dócil mascota familiar.

¿Qué razas son las mejores mascotas?

Algunas personas tienen gallinas simplemente porque quieren una mascota y un pasatiempo placentero. Si esto le suena a usted, entonces necesita saber qué razas son ideales como mascotas. Cuando busque una raza que sea una buena mascota para la familia, debe tener en cuenta el temperamento de cada raza específica. Algunas razas pueden ser muy melancólicas y pueden atacar, especialmente cuando tienen polluelos pequeños.

Si está buscando una raza dócil que sea segura incluso cerca de los niños, estas son las razas que debe buscar:

• Plymouth Rocks

Es una de las razas de gallinas más dóciles y es ideal si quiere una mascota familiar; como ventaja añadida, esta raza es una prolífica ponedora de huevos, por lo que obtendrá lo mejor de ambos mundos si opta por tener esta raza en su bandada de gallinas domésticas.

• Buff Orpington

Los Orpington son grandes mascotas debido a su naturaleza dócil y fácil de manejar. Son amigables y son mascotas tranquilas que incluso los niños pueden ayudar a cuidar. Esta raza también es de doble propósito, lo que significa que le proporcionará un suministro decente de huevos y carne si es necesario.

- **Australorp**

¿Qué puede ser mejor que una mascota amistosa que también proporciona un suministro constante de huevos para usted y su familia? Si esto suena como justo lo que necesita, entonces la raza Australorp es una opción ideal para su bandada de patio trasero. Estas gallinas de temperamento suave son amigables y curiosas, y les va bien con las personas.

- **Cochin**

Aunque bastante grandes en términos de tamaño, la Cochin son gigantes gentiles que suelen ser tranquilas y amigables. Este es un ave que disfruta de un abrazo. A esta esponjosa ave le gusta que la acaricien y se vincula fácilmente con su dueño. Ya que esta raza es también de ponedora media de huevos, se obtiene una mascota amistosa, así como una fuente de huevos frescos si se hace de esta raza parte de la bandada de gallinas domésticas.

Mientras que los gallinas, en general, no pueden ser consideradas mascotas agresivas, hay algunas razas que pueden ser bastante taciturnas. El Silver Laced Serama suele ser considerado la raza de gallinas más agresiva, por lo que quizás debería evitar esta raza si lo que busca es una mascota familiar amistosa.

Razas de gallinas Bantam

Las gallinas Bantam se diferencian de las gallinas normales en un aspecto importante: el tamaño. El tamaño de una gallina Bantam es aproximadamente un cuarto del tamaño de las razas de gallinas normales. Esta pequeña raza de gallinas es una buena ponedora de huevos y tiene la ventaja adicional de consumir menos alimento que las otras razas de gallinas.

Si tiene un patio trasero pequeño, las gallinas Bantam son una gran elección, ya que su pequeño tamaño significa que pueden ser alojadas adecuadamente y criadas en espacios más pequeños. Aquí hay algunas de las razones por las que puede elegir a las gallinas Bantam cuando elija una raza para criar en su patio trasero.

I.   Son buenas ponedoras de huevos. Cada gallina produce unos 4 o 5 huevos a la semana.

II.   Son grandes mascotas debido a su naturaleza dócil y su pequeña estatura.

III.   Requieren menos alimento que otras razas, por lo que su gasto de mantenimiento es menor que el de las razas de gallinas de tamaño normal.

IV.   Estas pequeñas aves son adorablemente lindas y serán una hermosa bandada. Algunas personas incluso las crían como gallinas de exhibición.

Considere la mejor raza para su clima particular.

Diferentes razas de gallinas prosperarán en diferentes climas, dependiendo de su resistencia natural y de las adaptaciones que hayan desarrollado a lo largo del tiempo. Si es principiante, lo mejor es optar por las razas que se adapten al clima de su zona. Esto ayudará a minimizar el riesgo de enfermedades para sus gallinas y a mejorar su bienestar general.

Las mejores razas para climas fríos

Para las zonas frías, busque las razas que se adapten al clima frío. Estas razas tendrán muchas plumas en sus cuerpos para ayudar a mantenerlas calientes. La mayoría de ellas también tienden a tener patas con plumas, lo que ayuda a mantener el calor del ave. Como una adaptación natural a los climas fríos, las razas que se desempeñan bien en condiciones de frío tendrán peines pequeños. Esto les ayuda a evitar la congelación.

Si vive en un clima frío, estas son las razas a las que debe aspirar para formar parte de su bandada en el patio trasero.

• Rhode Island Reds

Esta prolífica raza ponedora de huevos se adapta muy bien al clima frío y le irá bien en los climas fríos. Sus plumas de felpa mantienen a esta raza de gallinas bien aisladas de los elementos.

• Australorps

Al igual que la Rhode Island Reds, las Australorps tienen un plumaje pesado, que les ayuda a mantenerse calientes incluso en condiciones de frío. Cuando usted va a por aves que están adaptadas a climas más fríos, está seguro de que prosperarán en su patio trasero y no tendrá que lidiar con constantes enfermedades o incluso con aves que mueren debido a condiciones climáticas adversas.

• Brahma

Esta raza tiene las características patas de pluma que hacen que algunas razas de gallinas se adapten mejor a los climas fríos. Esta gran raza de gallinas es dócil y muy amigable y por lo tanto es una gran mascota familiar. También le suministrará huevos, aunque es más conocida como una raza productora de carne.

Si está en un clima frío y quiere una raza resistente que esté construida para soportar las condiciones de frío, las gallinas Brahma son una buena opción para su bandada.

• Dominique

Esta raza de gallinas es pequeña en estatura, pero está equipada con suficiente plumaje para mantenerla caliente en climas fríos. De hecho, esta raza no tolera bien el calor y por lo tanto es ideal para usted si vive en una región fría y necesita una bandada de gallinas que se adapte a ese clima en particular.

• Ameraucanas

Las Ameraucanas son famosas por sus huevos azules, pero esta raza en particular también prospera en condiciones de frío. Aunque no es la más prolífica de las ponedoras de huevos, aun así, obtendrá un suministro decente de huevos de esta raza.

Las mejores razas para climas cálidos

Si se va en un clima caluroso, entonces de manera similar, necesitará razas de gallinas que se adapten a ese clima particular y puedan sobrevivir a las altas temperaturas. En términos de crianza de gallinas, las áreas que se clasifican como calientes son aquellas que tienen un promedio de 32 grados centígrados o más. Para que las razas se desempeñen bien en un clima tan caluroso, necesitan tener adaptaciones naturales que reduzcan el efecto del calor en la gallina. Estas adaptaciones incluyen un plumaje más claro, colores más claros que no absorben tanto calor y cuerpos más pequeños.

En climas cálidos, estas son las razas que prosperarán y se desempeñarán bien.

• Plymouth Rock

Ya hemos cubierto esta raza en particular bajo las mejores razas para la puesta de huevos, así como su idoneidad como mascota familiar. Estos atributos la convierten en una de las razas de gallinas domésticas más populares para zonas calientes. Esta resistente raza es adaptable y se adapta bien tanto a condiciones de frío como de calor, lo que la convierte en una de las razas más versátiles que puede tener en su bandada.

• Golden Buff

Esta raza es resistente y se adapta bien a los climas cálidos. También se adapta bien a los climas fríos, así que puede mantenerla independientemente del tipo de clima en el que viva.

• Leghorn

En climas cálidos, la raza Leghorn se destaca por su naturaleza robusta y resistente. Estas aves son buenas para poner huevos y se recomiendan para las personas que quieren una raza que sea buena para poner huevos y que prospere en climas cálidos.

- **Fayoumi**

Las Fayoumis son aves llamativas que son lo suficientemente resistentes para prosperar en condiciones de calor extremo. Se adaptan bien a los climas cálidos y le convendría si quiere una llamativa bandada de gallinas de exhibición.

Escoja las razas en base al espacio que tenga disponible.

Las razas grandes naturalmente requerirán más espacio, y por lo tanto debe ser consciente del tamaño de la raza que está comprando. A menudo, si está comprando polluelos no podrá estimar el tamaño potencial de la gallina adulta. Aunque el espacio solo se convertirá en un tema urgente si quiere mantener grandes bandadas, es mejor asegurarse de que tiene el espacio adecuado para la raza particular que quiere comprar.

Cuando las gallinas se hacinan en espacios pequeños, el riesgo de que las enfermedades infecciosas y los parásitos se propaguen entre ellas aumenta significativamente. Esto puede terminar siendo costoso, y por lo tanto es mejor evitar la situación por completo. La mayoría de las razas que son mejores para la producción de carne tienden a ser más grandes que las razas de puesta de huevos, lo que significa que si se quiere criar gallinas para carne, probablemente se necesitará más espacio.

Las razas de gallinas grandes que requieren mucho espacio incluyen razas como Jersey Giant, Cochin, Brahma, Cornish, Orpington, Rhode Island Red y New Hampshire. Aunque estas razas son grandes, todavía es posible criarlas en un pequeño patio siempre y cuando se mantenga una bandada modesta para que cada ave tenga suficiente espacio para vivir.

También es importante señalar que, aparte de más espacio, la crianza de gallinas grandes es más o menos lo mismo que la crianza de razas más pequeñas y medianas. Algunas personas piensan erróneamente que las razas más grandes son más agresivas. Esto no es cierto de ninguna manera, ya que el temperamento de una gallina no está conectado con su tamaño. De hecho, la mayoría de las razas más amigables y dóciles tienden a ser razas grandes como el Jersey Giant, Rhode Island Reds, Cochin y Plymouth Rocks.

En última instancia, cualquiera que sea la raza de gallina que escoja para su bandada en el patio trasero, necesitará cuidarla y nutrirla bien para que pueda prosperar. El cuidado de sus gallinas domésticas asegurando que estén bien alimentadas, alojadas adecuadamente, y que tengan un ambiente limpio y seguro serán los factores principales para determinar si usted obtiene lo mejor de su bandada de gallinas domésticas.

Capítulo 4: Preparación y selección de un gallinero

Antes de traer las gallinas a casa, deberá preparar su área de vivienda. Esto significa tener un gallinero para albergar a sus gallinas y un corral para que ellas se alimenten, así como todos los demás materiales necesarios para el cuidado adecuado de las gallinas. Si es la primera vez que cría pollos, probablemente tenga que empezar de cero. Esto significa identificar dónde quiere que esté el gallinero, cuán grande o pequeño será, y si va a criar a sus gallinas en libertad o no.

Las gallinas, como cualquier otra mascota, tienen requisitos básicos que deben ser cumplidos. Estos requisitos son los factores que le guiarán en la preparación del patio trasero de sus gallinas antes de traerlas a casa. Usted quiere evitar una situación en la que trae su bandada a casa solo para darse cuenta de que le falta algo esencial.

Estos son los requerimientos básicos necesarios para que sus gallinas estén saludables y felices.

- Un refugio bien construido para albergar a las gallinas, que es el gallinero

- Comida y agua

- Suficiente espacio para moverse

- Un corral de gallinas o un área de forraje para que excaven, rasquen, etc.

- Un lugar de anidación seguro para las gallinas de cría

Eligiendo el lugar correcto para el gallinero

Cuando se trata de la preparación para la crianza de gallinas domésticas, la primera cosa que necesita averiguar es el gallinero, que es básicamente donde sus gallinas estarán refugiadas. El gallinero plantea varias preguntas que deben responderse antes de identificar el gallinero adecuado para sus necesidades particulares; cosas como el tamaño de la bandada que desea, si construir o comprar el gallinero, el tamaño adecuado, y si desea o no un gallinero fijo. Sin embargo, incluso antes de llegar a todo eso, primero debe averiguar dónde colocar el gallinero en su patio.

La ubicación es una consideración importante cuando se trata de proveer un refugio apropiado para sus gallinas. El lugar donde coloque su gallinero implica factores como la cantidad de sol y sombra que recibirán sus gallinas, la exposición al viento, la seguridad, la conveniencia y un sinnúmero de otros factores clave. Además, los gallineros pueden oler muy mal, y también tienden a atraer insectos. Esto significa que, si ubica el gallinero demasiado cerca de su casa, puede que tenga que lidiar con el olor desagradable y los insectos.

Para asegurarse de que la ubicación del gallinero sea la correcta, tenga en cuenta las siguientes consideraciones al elegir el lugar ideal para su gallinero.

1.   Distancia del gallinero a su casa

La regla general es asegurarse de no colocar el gallinero al lado de su casa. Como el excremento de gallina tiende a tener un olor fuerte, este olor puede convertirse fácilmente en una molestia si el gallinero está demasiado cerca de su casa.

También encontrará que las gallinas tienden a atraer insectos y bichos, que usted, por supuesto, no quiere que se conviertan en un accesorio permanente en su casa. Cuando elija la mejor ubicación para su gallinero, identifique un lugar que no esté directamente al lado de su casa, pero que esté lo suficientemente cerca para acceder a él convenientemente.

Al tener el gallinero no muy lejos de su casa, podrá revisarlo fácilmente cuando lo necesite. Como también necesita alimento, agua y recoger huevos del gallinero, esto significa que hará viajes al gallinero diariamente, por lo que tenerlo cerca facilitará mucho sus tareas.

En caso de que necesite conectar la electricidad a su gallinero para la calefacción o cualquier otra razón, será más fácil si no está demasiado lejos de su casa. Esto también se aplica a las comodidades como el agua para limpiar y abrevadero para sus gallinas. En resumen, encuentre un lugar para su gallinero que no esté directamente adyacente a su casa, pero tampoco demasiado lejos.

2.   Encuentre un lugar con un terreno plano

Es importante asegurarse de que el gallinero esté situado en un terreno plano. Esto ayudará a asegurar que la estructura sea estable y duradera. Puede despejar un parche nivelado para su gallinero. Recuerde que el área también debe tener un buen drenaje, ya que no quiere que su gallinero se sumerja en agua durante los meses más húmedos.

Si vive en un área extremadamente húmeda, poner una base de concreto hará que la estructura del gallinero sea más estable y duradera. Algunos gallineros están construidos con pisos flotantes, lo que básicamente significa que el piso está suspendido sobre el suelo en bloques de concreto para crear una superficie nivelada.

3. Su gallinero debería tener suficiente área de búsqueda de alimento a su alrededor.

A las gallinas les encanta escarbar en busca de bichos, buscar comida en el suelo. Por lo tanto, tiene que asegurarse de que su gallinero tiene suficiente área de forraje a su alrededor. El tamaño del área de forraje, por supuesto, dependerá del tamaño de su bandada, pero tener al menos 8 pies cuadrados por gallina es lo mejor. Un área de forraje ideal puede ser una combinación de una parcela de hierba y tierra.

Cuando no se deja suficiente espacio para que las gallinas deambulen, se vuelven más propensas a las infecciones y a la mala salud. Si confina a sus gallinas a un corral, asegúrese de que tenga suficiente espacio para que se alimenten según el tamaño de su bandada. En el caso de las gallinas criadas en libertad que no están confinadas a un corral, deberá asegurarse de que su patio tenga suficiente área de forraje para el número de gallinas que pretende criar. En el caso de las gallinas criadas en libertad, el área de forraje recomendada es de aproximadamente 250 pies cuadrados por ave.

4. Su gallinero debe estar en un área que no sea muy ventilada

Desea que sus gallinas estén bien calientes en su gallinero, especialmente durante los meses más fríos. Esto significa que, al elegir la ubicación de su gallinero, considere si el área tiene unos cortavientos. Colocar el gallinero en un área con algunos cortavientos, como árboles o una estructura alta, asegurará que las temperaturas en el gallinero no se vean afectadas negativamente por las condiciones de viento.

5. Escoja un área que reciba algo de sol, pero que también tenga algo de sombra

Su gallinero debería estar en un área que reciba algo de sol. También debe tener algunas áreas sombreadas donde sus gallinas puedan buscar un respiro del sol en los meses más calurosos; las gallinas prosperan en un lugar donde puedan disfrutar tanto del sol como de algunas áreas sombreadas cuando hace demasiado calor. Si puede encontrar un lugar soleado con algunos árboles que puedan ofrecer algo de sombra para el gallinero y el área de forraje, será un lugar ideal.

Cómo elegir el gallinero adecuado

Una vez que haya encontrado el lugar perfecto para su gallinero, el siguiente paso, por supuesto, es identificar el mejor gallinero para sus necesidades. Hay muchas opciones cuando se trata de gallineros. Las variaciones en tamaño, forma y diseño significan que hay un gallinero disponible que se adapta a diferentes necesidades. Sin embargo, necesita saber qué hace un buen gallinero antes de decidirse por un diseño particular.

Estas son las principales consideraciones a tener en cuenta cuando se escoge un gallinero.

I. Tamaño

II. Estructuras internas; barras de descanso y cajas de anidación

III. Ventilación

IV. Seguridad

Tamaño

La primera consideración al elegir un gallinero es asegurarse de que el gallinero es del tamaño adecuado para su rebaño. Dependiendo de cuántas aves desee tener, y del tamaño de la raza que haya elegido, la cantidad de espacio que necesite en el gallinero variará.

Debe asegurarse de que su gallinero es del tamaño adecuado para la bandada que pretende mantener. Aunque puede permitir más pies cuadrados que los recomendados, no se exceda. Un gallinero demasiado grande puede ser más frío y requerir más calefacción para mantener a sus gallinas calientes.

Para las razas grandes, como los Jersey Giants, Plymouth Rock o Rhode Island Reds, necesitará un mínimo de 4 pies cuadrados por ave en el gallinero. Este es el espacio mínimo por ave, y siempre puede tener un mayor espacio para sus gallinas.

Para las razas medianas como la Leghorn, debe tener un espacio mínimo de 3 pies cuadrados por ave. De nuevo, este es el espacio mínimo, así que siempre puede tener un mayor espacio para sus gallinas.

Las razas más pequeñas como la Bantams no requieren mucho espacio. Un promedio de 2 pies cuadrados por gallina debería ser suficiente si su bandada está compuesta por gallinas de razas pequeñas.

Cuando su gallinero es demasiado pequeño para su bandada, puede causar los siguientes problemas:

- Mala salud de las gallinas debido a los altos niveles de amoníaco en el gallinero por la acumulación de estiércol.
- Mala producción de huevos debido a las condiciones de hacinamiento en el gallinero.
- Intimidación y comportamiento agresivo entre la bandada mientras cada uno lucha por el espacio.

Estructuras internas del gallinero: Barras de posada y cajas de nido

Una vez que haya calculado los pies cuadrados del gallinero que serán adecuados para albergar a su bandada de gallinas, debe considerar el tamaño apropiado de las estructuras dentro del gallinero.

Una de las estructuras más importantes dentro de su gallinero serán las barras de descanso. Las gallinas no duermen en el suelo. Necesitan barras para dormir que se levanten de la superficie del gallinero. Las barras deben estar más altas que los nidos del gallinero.

Las barras de descanso deben proporcionar un espacio adecuado para cada ave dentro del gallinero para evitar el hacinamiento. La barra de descanso debe proporcionar aproximadamente 8 pulgadas de espacio por gallina. Durante los meses más fríos, las gallinas tienden a acercarse unas a otras, así que no construya las barras de descanso demasiado grandes.

Las cajas de anidación proveen un espacio privado para que sus gallinas pongan huevos y para que las gallinas críen. Aunque no es necesario que haya demasiados, asegúrese de tener al menos uno de cada tres gallinas en su bandada. Esto significa que, para una bandada de 12 gallinas, cuatro cajas de nido serán suficientes. Tener suficientes cajas de anidación asegura que sus gallinas tengan un lugar seguro para poner sus huevos.

El corral de las gallinas

Aparte del interior del gallinero, también necesitará asegurarse de que el espacio exterior para sus gallinas, o el "corral de las gallinas", es del tamaño apropiado. Recuerde que cuando sus gallinas no estén en el gallinero, buscarán comida afuera en el corral, así que es una extensión importante del gallinero. El área recomendada para el corral de los gallinas es de al menos 8 pies cuadrados por ave.

Si planea criar a sus gallinas en libertad, puede que no necesite un corral al aire libre. Sin embargo, incluso para las gallinas criadas en libertad, tener un área de confinamiento puede ser útil cuando se necesita encerrar a las gallinas por un tiempo por una u otra razón.

Ventilación

El gallinero debe estar adecuadamente ventilado, y debe permitir la suficiente circulación de aire. Esto significa que el gallinero debe tener suficientes respiraderos para que el aire entre y salga del gallinero. Cuando la ventilación es pobre, la acumulación de amoníaco en el gallinero por el excremento de las gallinas puede causarles problemas de salud a las mismas. Asegúrese de que las rejillas de ventilación estén bien aseguradas con malla gallinera para evitar que los depredadores y roedores entren en el gallinero.

Seguridad

A menos que desee despertarse un día y descubrir que un astuto zorro o mapache se ha alimentado de sus gallinas, tendrá que dar prioridad a la seguridad al elegir un gallinero. Las gallinas tienen muchos depredadores, desde el típico perro o gato doméstico hasta zarigüeyas, zorros y mapaches. Esto significa que los gallineros deben ofrecer una protección adecuada para sus gallinas.

Un gallinero seguro no debe tener espacios que permitan la entrada de ratas o serpientes. Incluso los espacios de ventilación deben estar bien cubiertos con malla gallinera para mantener a los roedores y depredadores fuera. Además, asegúrese de que las puertas estén bien aseguradas con cerraduras a prueba de niños que permanezcan cerradas. Mantenga a sus gallinas encerradas en los gallineros todas las noches.

Siempre es aconsejable mantener los alimentos de las gallinas en un área separada y no en el gallinero. Esto es porque algunos depredadores serán atraídos al gallinero por el alimento de las gallinas. Lo mismo debería suceder con los huevos de gallina. No se acostumbre a dejarlos sin recolectar en el gallinero durante días, ya que atraerán a los depredadores al gallinero. Algunos depredadores están más interesados en la comida y los huevos de las gallinas que en las propias gallinas, así que, si puede evitar poner comida en el gallinero, disuadirá a esos depredadores.

Su gallinero también debe tener un techo seguro. Esto servirá para mantener a los depredadores fuera y también asegurar que su gallinero se mantenga a prueba de humedad, especialmente durante el tiempo húmedo. A las gallinas no les gusta que les llueva, así que es importante que el gallinero esté bien cubierto.

Las precauciones de seguridad también serán necesarias para el gallinero, ya que sus gallinas también pasarán tiempo al aire libre. El corral debe ser cerrado con materiales de cercado que tengan aberturas muy pequeñas como malla gallinera, malla soldada o red eléctrica. Esto asegurará que incluso cuando sus gallinas estén al aire libre, estén bien protegidas. En áreas con depredadores voladores como halcones y búhos, se pueden utilizar cercas aéreas para que el corral sea más seguro.

Si está buscando criar a sus gallinas en libertad, tendrá que asegurarse de que su patio esté bien asegurado para que sus gallinas puedan alimentarse con seguridad. Esto significa que hay que asegurarse de que el cercado de su patio esté intacto y sea lo suficientemente alto como para mantener alejados a los depredadores. También puede enterrar malla de alambre soldado o cualquier otro material de cercado de malla pequeña para disuadir a los depredadores que tienden a cavar agujeros para acceder a las gallinas en el corral.

Asegurándose de que su gallinero está listo para las gallinas

Comederos y bebederos

Una vez que haya encontrado el lugar correcto para su gallinero y haya encontrado el mejor gallinero para sus necesidades, el siguiente paso es asegurarse de que su gallinero está equipado para albergar a las gallinas. Naturalmente, necesitará alimentar a sus gallinas, así que tendrá que conseguir comederos y bebederos para el gallinero.

Los comederos de gallinas vienen en una variedad de formas y tamaños. El mejor comedero para sus gallinas dependerá del tamaño de su bandada. También hay comederos más pequeños que están diseñados para ser usados específicamente para los polluelos, así que asegúrese de comprar el comedero apropiado.

El tipo más común de comedero para gallinas es el comedero dispensador. Este dispensador de alimento libera gradualmente el alimento a medida que se consume. Estos tipos de comederos se pueden colgar para mantener la suciedad y los desechos fuera del alimento y también para desalentar a los insectos y roedores.

Algunas personas optan por los comederos automáticos que solo necesitan ser rellenados ocasionalmente. Esta puede ser una buena elección si se quiere un comedero que no necesite ser rellenado cada dos días. Sin embargo, no necesariamente necesita un comedero costoso para hacer el trabajo. Incluso un comedero casero para gallinas de materiales reciclados como los contenedores de plástico servirá para el mismo propósito que un comedero comprado en una tienda. Puede hacer fácilmente un comedero de gallinas casero usando un cubo o cualquier otro tipo de recipiente de plástico.

Siempre es aconsejable mantener los comederos dentro del gallinero para proteger el alimento de los elementos. Sin embargo, puede escoger tener un comedero en el gallinero siempre y cuando lo coloque donde esté a salvo de la lluvia, la suciedad y los escombros. Para asegurarse de que todas sus gallinas tengan acceso a un comedero, asegúrese de tener suficientes comederos para acomodar a toda la bandada. Si sus comederos son muy pocos, las gallinas más pequeñas pueden ser intimidadas durante el tiempo de alimentación. Tenga al menos un comedero por cada diez aves.

Aparte de un comedero para gallinas, también necesitará un bebedero para sus gallinas. Las gallinas necesitan estar hidratadas, y deben tener acceso a agua potable limpia. Los bebederos, al igual que los comederos, vienen en una variedad de formas, tamaños y diseños. Considere el tamaño de su bandada cuando seleccione un bebedero. Algunos bebederos necesitan ser montados en la pared, por lo que solo se puede elegir este tipo si el gallinero que tiene puede acomodar un bebedero de pared.

Los tipos más comunes de bebederos son los alimentados por gravedad, los automáticos y los de contenedor. Los bebederos alimentados por gravedad son populares porque son fáciles de usar y, por lo tanto, los más convenientes. Los bebederos automáticos son ideales si no se dispone de mucho espacio, ya que vienen con una taza o una boquilla para que las gallinas beban de ellos. Es posible que tenga que enseñar a sus gallinas a beber del bebedero automático, pero la mayoría de ellas tienden a aprender a usarlo bastante rápido.

La mayoría de los bebederos están hechos de acero o de plástico. Ambos materiales son duraderos. Sin embargo, los bebederos de acero pueden calentarse considerablemente en clima cálido y pueden no ser ideales si vive en un clima caluroso. Los bebederos plásticos son generalmente más baratos que los de acero, por lo que son una buena opción si tiene un presupuesto limitado.

Mantener el regador dentro del gallinero puede llevar a que se moje el lecho. Para evitar esta situación, la mayoría de las personas optan por poner su regadera fuera del gallinero en el corral. También puede reducir el riesgo de derrames y fugas al no llenar demasiado los bebederos. Al igual que con un comedero de gallinas, asegúrese de tener suficientes bebederos para el tamaño de su bandada.

Lechos del gallinero

Las gallinas defecan mucho, y tener lecho en su gallinero ayudará a mantenerlo limpio y sin olores. El lecho que usará en el piso del gallinero servirá como litera para ayudar a controlar los olores y la humedad en el gallinero. El lecho también sirve de aislamiento del gallinero, por lo que es una buena práctica poner el lecho en el gallinero antes de traer las gallinas a casa.

El mejor tipo de lecho para un gallinero es un material absorbente que ayude a mantener el suelo del gallinero seco. Un suelo mojado puede provocar enfermedades y puede causar lesiones en las patas de las gallinas. Por lo tanto, al elegir el mejor lecho para su gallinero, tenga en cuenta que debe tener un material que absorba y libere la humedad rápidamente. Los materiales de lecho más comunes incluyen virutas de madera, paja, heno y recortes de hierba.

Las virutas de madera son una de las mejores opciones para el lecho del gallinero. Son absorbentes, pero no retienen la humedad por mucho tiempo, por lo que el piso del gallinero se mantiene seco. Puede colocar periódicos debajo de las virutas de madera para facilitar la limpieza, pero no use solo periódicos como lecho en su gallinero.

Para las cajas de anidación, puede utilizar paja y heno para amortiguar a sus gallinas cuando están poniendo huevos. Esto también asegurará que los huevos no se rompan. Alternativamente, también puede usar las mismas virutas de madera que ha usado en el resto del suelo del gallinero en sus cajas de anidación.

En última instancia, toda la instalación del gallinero y del corral debe centrarse en proporcionar a sus gallinas un entorno limpio, seguro y cómodo.

Capítulo 5: Construyendo un gallinero

Una vez que haya establecido su patio y decidido el tipo de gallinero que necesitará para sus gallinas domésticas, tiene tres opciones: comprar un gallinero prefabricado, reutilizar una estructura existente o construir uno usted mismo. Dependiendo de su presupuesto, del tipo de diseño que desee y de lo hábil que sea con los proyectos por cuenta propia, la elección será fácil de hacer.

Algunas personas, especialmente las que tienen grandes áreas de pasto, optan por tener gallineros portátiles. Este tipo de gallinero se puede trasladar de una sección de su tierra a otra, en efecto, permitiendo a las gallinas buscar comida en diferentes secciones de pasto. Estos tipos de gallineros funcionan bien si se dispone de mucho espacio y pastos. Sin embargo, para pequeños patios, especialmente en pueblos y ciudades, un gallinero estacionario puede funcionar mejor, ya que no requiere movimientos repetidos.

Si no tiene el tiempo o el conocimiento para construir su propio gallinero, siempre puede ir a un gallinero prefabricado. Estos están ampliamente disponibles en tiendas en línea como Amazon, así como en tiendas de mascotas e incluso en tiendas de comestibles como Walmart. Los gallineros prefabricados vienen en varios tamaños, diseños y precios, así que puede elegir uno que se ajuste a su presupuesto y que cumpla todos los requisitos necesarios para el número y el tipo de gallinas que planea tener.

Reprogramar una estructura existente es también una forma sencilla de crear un gallinero. Si tiene un cobertizo que ya no se usa, puede reutilizarlo para que sirva como cobertizo de gallinas. Todo lo que necesita hacer es equiparlo para las gallinas añadiendo cajas de anidación, barras de descanso y algo de lecho en el suelo. En última instancia, esto es mejor que construir un gallinero desde cero y es, por supuesto, mucho más barato que comprar un gallinero prefabricado.

La tercera opción es construir su propio gallinero. Esto le da la libertad de hacer un gallinero personalizado que se adapte perfectamente a su patio y a sus necesidades. Tiene la opción de hacer los diseños por un profesional o hacerlos por sí mismo. También hay muchos recursos en línea que ofrecen planes de gallinero gratis. Antes de decidirse por un diseño, compruebe siempre si hay alguna ordenanza municipal o reglamento del vecindario que deba cumplirse.

Si elige construir su propio gallinero, hay muchas maneras de hacerlo dependiendo del tipo de gallinero que tenga en mente. Puede elegir que lo haga un profesional si tiene poco tiempo o no tiene acceso a los materiales necesarios. Alternativamente, si desea una forma simple y rápida de hacerlo, puede seguir nuestra sencilla guía paso a paso para construir un gallinero de 24 pies cuadrados que puede albergar entre 6 y 8 gallinas.

Materiales y herramientas necesarias

- Madera
- Martillo
- Sierra
- Cinta métrica
- Lápiz

- Destornillador
- Sierra eléctrica de pie
- Cables de extensión
- Nivel de burbuja
- Papel de lija
- Brocha para pintar

Mientras que los gallineros pueden ser construidos usando una variedad de materiales diferentes, la madera es el material más fácil de utilizar. La madera también es buena para el aislamiento, y hace estructuras sólidas y estables que son duraderas.

Paso a paso el proceso de construcción del gallinero

Una vez que tenga sus suministros listos, puede empezar a construir.

1. Comience por construir el piso de su gallinero

■ Comience con un trozo de madera contrachapada cortada a 4 pies de ancho y 6 pies de largo.

■ El contrachapado debe tener al menos media pulgada de espesor. Esto asegurará que su piso sea resistente.

■ Para hacer la estructura de su piso, necesitará listones. Idealmente, estos deben ser de 2x4. Atornille los listones de 2x4 alrededor de los bordes del contrachapado. También, atornille otros listones de 2x4 alrededor del centro de su piso contrachapado.

2. Construya el muro sólido a continuación

● La sólida pared de su gallinero es la que no tendrá una ventana. Tome un trozo de ½ pulgada (o más grueso) de contrachapado de 6 pies de largo. Necesitará listón de 2x2 para esta pared. Asegure el listón de 2x2 en el fondo de los bordes verticales de su contrachapado. Los listones de 2x2 deben detenerse 4 pulgadas por encima del fondo del contrachapado.

• Una vez que haya atornillado el listón de 2x2 ahora puede asegurar la pared al piso que construyó en el paso 1. Tome su pared sólida y colóquela en el piso de tal manera que las 4 pulgadas que dejó cubran la parte inferior del piso de 2x4. Una vez que ha colocado la pared, atorníllela en su lugar. Sus tornillos deben ser 1½ pulgadas para asegurar la pared firmemente al piso.

3. El siguiente paso es el panel frontal

▪ Adjunte un contrachapado de cuatro pies de largo de ½ pulgada (o más grueso) al piso y a la pared sólida que ya ha construido. Primero, atornille el pedazo de contrachapado a los dos listones de 2x4 en el fondo de su gallinero; luego asegure el contrachapado a la pared sólida atornillándolo a los dos listones de 2x2 en la pared sólida.

▪ Una vez que el contrachapado esté asegurado al gallinero, es hora de cortar la puerta.

▪ La abertura de la puerta debe ser de 2 a 3 pies de ancho. La altura puede variar, siempre y cuando deje un mínimo de unas 6 pulgadas entre el borde de la puerta y la parte inferior del panel de contrachapado. El mismo margen de 6 pulgadas debe dejarse entre el borde de la puerta y la parte superior del panel de contrachapado.

▪ Una vez que haya marcado las medidas para la apertura de la puerta, córtela con la sierra. Haga el corte tan suave como sea posible.

▪ Querrá reforzar la parte superior de la abertura de la puerta usando un trozo de madera de 20 pulgadas. Fije este pedazo de madera a la parte superior usando tornillos y algo de pegamento de construcción.

4. Construyendo la pared trasera

• Al igual que el panel frontal, para la pared trasera, también necesitará una pieza de contrachapado de 4 pies de largo y al menos ½ pulgada de espesor.

- Asegure el pedazo de contrachapado a la parte trasera de su gallinero atornillándolo a los listones de 2x4 de la parte inferior y luego atornillándolo a los listones 2x2 de la pared sólida del gallinero.

- Una vez que la pared trasera esté asegurada al gallinero, puede medir la apertura de la puerta de esta pared. Usando las mismas medidas que utilizó para la abertura en el panel frontal, corte la abertura como lo hizo para el panel frontal.

- Finalmente, refuerce la parte superior de la abertura de la puerta con un trozo de madera como lo hizo con la abertura del panel frontal.

5. Construir la última pared

- Corte dos piezas de contrachapado de ½ pulgada (o más grueso) a una longitud de 2 pies. A continuación, corte una pieza de contrachapado de 5 pies de largo. El ancho de este pedazo debe ser la mitad de la altura de su gallinero.

- Una vez que tenga estas tres piezas de contrachapado, puede empezar a fijarlos al gallinero para construir la última pared. Comience con las piezas de 2 pies de largo de contrachapado. Asegure un trozo de 2x2 a uno de los bordes verticales del contrachapado. Los dos listones de 2x2 deben detenerse al menos 4 pulgadas por encima de la parte inferior del contrachapado.

- Tome la segunda pieza de 2 pies de largo de contrachapado y también fije un listón 2x2 a uno de los bordes verticales del contrachapado. Los listones de 2x2 deben dejar un margen de 4 pulgadas en la parte inferior del contrachapado.

- Ahora tome uno de estos paneles de contrachapado y póngalo en la parte delantera del gallinero. Una vez hecho esto, tome el segundo panel y asegúrelo a la parte trasera del gallinero.

- Ahora tome el pedazo de madera de 5 pies de largo y asegúrelo entre los dos paneles que acaba de colocar.

• El borde del contrachapado de 5 pies debe alinearse con la parte superior de los otros dos paneles.

• El siguiente paso es tomar un trozo de madera que tenga la misma longitud vertical que la pieza del medio. Atornillar esa pieza de madera a la junta donde el panel central se conecta con el panel lateral. Haga lo mismo para la segunda junta donde el panel del medio se conecta con el otro panel lateral. De esta manera, tendrá dos piezas de madera, reforzando las dos uniones entre el panel central y los otros dos paneles.

6. Construyendo el techo

▪ Para el techo, comenzará con los hastiales. Estas son las estructuras triangulares que se colocarán en la parte superior de las paredes del gallinero para apoyar el techo.

▪ Para que encajen bien en las paredes, necesita hacer sus hastiales de 4 pies de largo. Asegúrese de que la inclinación que cree para ambos hastiales sea la misma para que el techo se asiente de manera uniforme en el gallinero.

▪ Los hastiales irán en la parte superior de las paredes delanteras y traseras. Tome el primer hastial y asegúrelo en el interior de la pared delantera. Utilice tornillos y algo de pegamento de construcción para fijarlo con seguridad.

▪ El segundo hastial debe fijarse en el interior de la pared trasera. Asegúrese de que la fijación sea segura.

▪ Una vez que los hastiales estén fijados, necesita construir un soporte para la mitad del techo, que es el armazón.

▪ El ángulo del armazón debe ser el mismo que el de los hastiales.

▪ Para asegurarse de obtener el ángulo correcto, tome dos piezas de 2x2 y sujételas a los bordes de uno de los hastiales. Los listones de 2x2 deben ser más largos que el borde del hastial por unas 3 pulgadas.

▪ Necesitará una viga para reforzar su armazón. Esta viga tiene que ser de una longitud similar a la de los hastiales.

- Asegure esta viga a los listones de 2x2 con tornillos. Una vez que esté sujeta, puede remover el armazón del hastial quitando la abrazadera que se utilizó para sujetarla al hastial.
- Ahora coloque el armazón en el centro del gallinero.
- Haga marcas donde los listones de 2x2 del armazón se intersecan con las paredes laterales. Estas marcas representan donde hará las muescas en el armazón.
- Una vez hechas las muescas, ahora puede colocar el armazón sobre las paredes laterales. Debería estar en el centro de las dos paredes laterales.
- Ahora que los soportes del techo están en su lugar, necesita hacer el techo real.
- Usando dos piezas de contrachapado, haga un techo uniendo una pieza de 40 pulgadas de contrachapado con una pieza de 84 pulgadas de contrachapado. Las uniones deben ser a lo largo de los lados más largos de 84 pulgadas. Puede unir fácilmente estas dos piezas usando bisagras.
- El techo está ahora listo para ir en la parte superior del gallinero. Tendrá salientes en ambos lados del gallinero.
- Necesitará unir dos piezas de 2x2 en el borde inferior de los voladizos delanteros y traseros del techo.
- Una vez que la moldura esté en su lugar, la parte final de la construcción del techo es asegurarla a los hastiales de cada lado y al armazón en el medio.
- Entonces puede hacer el techo a prueba de humedad cubriéndolo con cartón alquitranado o techo galvanizado.

7. Construyendo las puertas del gallinero

- Ahora que las paredes están terminadas, es hora de construir las puertas.
- Tome un tablero de fibra de densidad media y córtelo a la misma longitud que la abertura de la puerta y a la mitad de su ancho.

- Construya el marco de su puerta usando piezas de madera de 2x2. Fije estas piezas en los cuatro lados de la abertura de su puerta.

- Una vez que el marco esté en su lugar, ahora puede atornillar las bisagras. Utilice dos bisagras para cada puerta.

- Una vez que las bisagras estén fijadas, ahora puede fijar las puertas al marco.

- Luego construirá las puertas traseras usando este mismo proceso.

- Una vez que todas las puertas han sido fijadas al gallinero, ahora necesita poner cerraduras para que el gallinero se pueda cerrar con llave. Coloque cerraduras seguras en sus puertas que mantengan a los depredadores fuera del gallinero.

8. Fabrique patas para su gallinero si desea que este elevado

- Si desea que su gallinero este elevado, tendrá que adjuntar cuatro piezas de 2x4 en la parte inferior del gallinero. Puede asegurar estas patas a los listones de 2x4 en el fondo del gallinero.

- Si su gallinero está elevado, necesitará una escalerilla para que sea accesible para a las gallinas. Para su rampa, sujete los listones 2x2 a los listones 2x4 a la longitud requerida. Tome su escalerilla y luego asegúrela en su lugar con algunas bisagras.

9. Los posaderos y las cajas de anidación

El interior de su gallinero necesitará dos estructuras esenciales. Estas son las barras de descanso y las cajas de anidación. Las barras de descanso son básicamente barras elevadas donde sus gallinas se posarán y dormirán por la noche. Las gallinas no duermen en el suelo, por lo que necesitan barras de descanso que se eleven del suelo del gallinero.

Para las barras de descanso, dejen al menos 8 pulgadas de espacio por gallina. Puede poner múltiples posaderos dependiendo del tamaño de su bandada. Para los posaderos, puede utilizar piezas de madera resistentes fijadas a la pared del gallinero en un ángulo o incluso una escalera corta apoyada en un ángulo. Las barras de descanso deben estar al menos a dos pies del piso del gallinero.

Las otras estructuras esenciales para tener en su gallinero son las cajas de anidación. Estas cajas proveen a las gallinas de un área privada para poner huevos. Las cajas de anidación también serán utilizadas por las gallinas incubadoras cuando quieran empollar huevos. En promedio, necesitará una caja de anidación por cada cuatro aves.

Puede construir cajas de madera de un pie cuadrado y usarlas como cajas de anidación en su gallinero. Alternativamente, puede reutilizar fácilmente las viejas cajas de leche y usarlas como cajas de anidación. Cualquiera que sea el tipo de cajas de anidación que escoja, simplemente asegúrelas a las paredes de su gallinero, y estará todo listo.

10. Lecho del gallinero

El último paso para preparar el gallinero y prepararlo para sus gallinas es el lecho. El lecho es un material absorbente que se coloca en el piso del gallinero. El lecho ayuda a mantener el piso del gallinero seco, absorbiendo la humedad del mismo. También absorbe el olor del excremento de las gallinas, y esto ayuda a prevenir la acumulación de amoníaco en el gallinero. Otra ventaja de tener lecho en el piso del gallinero es que facilita la limpieza. También proporciona un aislamiento adicional para el gallinero, ayudando a mantener a las gallinas calientes, especialmente durante los meses más fríos.

Las virutas de madera son un excelente lecho, ya que absorben y liberan la humedad. Otros materiales que pueden ser usados como lecho son paja, heno, arena y recortes de hierba. Asegúrese de amortiguar sus cajas de anidación con paja y heno.

Consejos para su gallinero

Si no tiene la intención de criar gallinas en libertad, entonces tendrá que construir un gallinero para mantener a sus gallinas confinadas cuando estén al aire libre. Las gallinas necesitan un área de forrajeo para cavar y buscar comida en el exterior, así que, si no desea que vaguen por todo su patio o jardín, tendrá que confinarlas a una sección particular de su patio.

Normalmente, el corral de las gallinas debería estar adyacente a su gallinero para que sus gallinas puedan entrar y salir del gallinero desde el corral. Básicamente, una vez que haya decidido el área apropiada que sea suficiente para el tamaño de la bandada que planea mantener (trabajar con un mínimo de 5 pies cuadrados por gallina), puede cercar esta área para hacer su corral de gallinas.

Para asegurarse de que su corral mantendrá a sus gallinas a salvo de los depredadores y también evitará que deambulen, debe usar malla gallinera, malla soldada o red eléctrica como material de cercado. Cuando utiliza materiales de cercado de malla pequeña, mantiene a sus gallinas a salvo de depredadores más pequeños que pueden alcanzarlas a través de una malla más grande o incluso saltar a través de ella.

Si en su área hay muchos depredadores voladores, como halcones y búhos, puede optar por cubrir su gallinero con malla gallinera o cualquier otro tipo de malla metálica pequeña. Recuerde que desea que sus gallinas estén a salvo en su corral. Tampoco desea tener que controlarlas constantemente para ver si están a salvo. Esto significa que, si toma todas las precauciones de seguridad necesarias al instalar el gallinero y el corral, ahorrará tiempo a largo plazo y evitará muchos problemas de depredadores en el futuro.

Capítulo 6: Consejos para comprar gallinas

Cuando su gallinero esté listo y esté ansioso por traer a sus amigos emplumados a casa, entonces es el momento de comprar sus gallinas. Por supuesto, ya tiene una idea del número de gallinas que desea, y qué tipo de raza es la mejor para usted. Con esto en mente, ya puede comenzar a comprar las aves adecuadas para su patio trasero.

¿Dónde puede comprar gallinas?

Hay muchas opciones para las personas que quieren comprar aves de corral. Ya sea que busque polluelos recién nacidos, pollitas o gallinas maduras, hay muchos criaderos, tiendas de alimentos, asociaciones de aves de corral y criadores donde puede comprar su bandada. Es importante buscar incubadoras y criadores de buena reputación para estar seguro de que las aves que se compran gozan de buena salud.

Si no conoce ningún criador en su zona, consulte con las granjas de su zona. Por lo general, ellos tendrán información sobre los criadores o criaderos locales. Por otra parte, la mayoría de los criadores tienen algún tipo de huella en línea, por lo que puede obtener algunas pistas sobre criadores de buena reputación en su zona consultando los sitios en línea y las plataformas de medios sociales. Si desea una raza específica, también puede consultar en los medios sociales los grupos de criadores que se especializan en la raza concreta que tiene en mente.

Si decide utilizar un criador o criadero en línea, compruebe siempre las opiniones y comentarios de los consumidores para asegurarse de que el proveedor es creíble. Algunas personas prefieren comprar sus gallinas de otras granjas, ya que pueden ver el tipo de ambiente en el que se han criado las gallinas. En la medida de lo posible, cuando compre polluelos, elija un criadero o un criador que esté más cerca de usted para minimizar la cantidad de tiempo que sus polluelos tienen que pasar en tránsito.

Las tiendas agrícolas son de fácil acceso para la mayoría de las personas y son un lugar popular donde comprar polluelos. Sin embargo, cuando usted compra en una tienda agrícola, no sabrá si los polluelos son machos o hembras, por lo que puede terminar con gallos que no quería. También es posible que no pueda obtener información sobre si los polluelos han sido vacunados o no.

La otra alternativa es comprar en un criadero. Los criaderos suelen tener una variedad de razas disponibles y tienden a ser más baratos que los criadores. Los criaderos tienden a especializarse en aves utilitarias y pueden no ser una buena fuente si se quieren gallinas de herencia. Para las razas más raras, los criadores suelen ser una mejor fuente. Los criadores tienden a especializarse en determinadas razas. Pueden ser un poco costosos comparados con los criaderos, pero por el lado positivo, puede obtener incluso gallinas de herencia de los criadores.

Si no hay criaderos o criadores cerca de usted, algunos criadores ofrecen opciones de envío a través del país y le llevarán sus aves dondequiera que esté. Entre ellas se incluyen:

- **My Pet Chicken**

Este criadero es genial para principiantes que buscan comenzar con una pequeña bandada. Puede pedir tan solo tres polluelos. También tienen diferentes razas, así que tiene una amplia gama de opciones para elegir. Además, venden otros accesorios y equipos para gallinas que pueden ser útiles para los principiantes, como gallineros, cercados para gallinas, comederos y más.

- **Cackle Hatchery**

Este criadero en Missouri tiene todo tipo de gallinas en oferta. Desde ponedoras a razas de carne y aves de doble propósito, se obtienen la mayoría de las razas de este criadero. Ya que permiten incluso pedidos pequeños, no se requiere comprar a granel, por lo que este es también un buen lugar para el habitante urbano que quiere mantener una bandada modesta.

- **Murray McMurray**

Este criadero está ubicado en Iowa y tiene una amplia gama de razas de gallinas para elegir. También tienen varios equipos y accesorios para las gallinas, así que esto puede ser la tienda donde consiga todo para sus necesidades de gallina.

- **Freedom Ranger Hatchery**

Freedom Ranger Hatchery es ideal para las personas que buscan pollos de cría libre. Este criadero utiliza métodos de cultivo ecológicos, y es bien conocido por sus aves de cría libre orgánicas.

- **Meyer Hatchery**

Este criadero tiene más de 160 razas de aves de corral para que los compradores puedan elegir. Ofrecen garantías de género, así que para los que quieran comprar polluelos estrictamente femeninos o masculinos, este es un gran criadero para comprar.

- **Ideal Hatchery**

Este criadero de Texas garantiza el 100% de la entrega en vivo a sus clientes. También tienen un montón de razas para elegir. Sin embargo, tienen un requisito de pedido mínimo, por lo que puede que no sea la mejor opción si desea un pequeño número de gallinas.

- **Stromberg's Chicks**

Este criadero tiene ubicaciones en cinco estados, incluyendo Minnesota, California, Texas, Pennsylvania y Florida. Tienen una impresionante selección de razas de gallinas para elegir, y si usted está buscando accesorios y equipo también, tienen un montón de esos, también.

Información que necesita de su criador

Una vez que haya identificado al criador o criadero al que le comprará sus gallinas, aquí tiene algunas preguntas básicas que debe hacerle al criador.

1.   Averigüe qué razas están disponibles

La mayoría de los criadores se especializan en unas pocas razas selectas, por lo que es necesario saber qué tipo de razas tienen. Entonces podrá decidir si las razas que tienen son las que usted necesita o pasar a otro criador.

2.   Averigüe si tienen aves de sexo

Si está comprando polluelos, no es físicamente posible saber si el polluelo es macho o hembra a esa edad temprana. Las aves sexuadas son aquellas que han sido comprobadas por el criador y se ha determinado que son machos o hembras. Esta identificación es importante, especialmente si usted vive en un área donde no se permiten los gallos.

Cuando compra aves sexuadas, sabe exactamente lo que está comprando, y no habrá sorpresas desagradables más tarde cuando uno de sus polluelos resulte ser un gallo ruidoso.

3. Averigüe si el criador está certificado por el NPIP

Los criadores certificados por el Plan de mejoramiento Nacional de Aves de corral (conocido en Ingles por sus siglas NPIP) son aquellos que han aceptado que se revisen sus gallinas para detectar enfermedades. Si el criador está certificado, tendrá la seguridad de que las aves que recibe están en buena salud.

4. Averigüe si los pollos han sido vacunados

Cuando compre polluelos, asegúrese de averiguar si han sido vacunados y qué tipo de vacuna(s) se les ha dado. Esto le guiará para saber si necesita vacunarse.

5. Averigüe cualquier información de cuidado específico para la raza particular que está comprando

Los criadores pueden ser una gran fuente de información sobre el cuidado de sus aves, especialmente si el criador lo ha estado haciendo durante años. Obtenga información sobre cosas como las necesidades y preferencias climáticas, el temperamento de la raza, la alimentación ideal, la producción media de huevos y cualquier otro detalle del que no esté seguro.

Cuanto más sepa sobre las gallinas que está comprando, mejor equipado estará para cuidarlas. Así que no dude en obtener toda la información que pueda del criador.

Qué buscar al comprar polluelos bebé

Lo último que desea es comprar polluelos que no son saludables o están poco desarrollados. Un ave infectada puede propagar fácilmente enfermedades al resto de su bandada. Por lo tanto, antes de llevar cualquier polluelo a casa, asegúrese de comprobar si hay algún signo de mala salud.

Entonces, ¿cómo sabe si los polluelos que está comprando son saludables? Aquí hay algunas señales que hay que tener en cuenta cuando se compran los polluelos.

I. Los ojos deben estar despejados y alerta.

II. Revise el abdomen para ver si hay algún signo de distensión.

III. El polluelo debe estar firme en sus patas.

IV. El polluelo debe estar activo y haciendo pío.

V. Compruebe que la parte superior del pico está alineada con la inferior.

VI. Si el polluelo parece demasiado pequeño o raquítico en comparación con otros, puede tener mala salud.

VII. Los polluelos sanos son esponjosos.

VIII. El orificio de ventilación debe estar libre de heces o cualquier tipo de enrojecimiento, ya que esto podría indicar diarrea.

IX. Compruebe que la incubadora está limpia.

Qué buscar cuando se compran aves maduras

Un ave saludable es crucial, especialmente si recién se empieza en la crianza de gallinas domésticas. Traer a casa aves que no ponen huevos, prosperan o incluso terminan muriendo puede ser una forma decepcionante de comenzar su aventura. Esto significa que estar atento a cualquier signo de mala salud puede ahorrarle muchos problemas más adelante.

Cuando se compran gallinas maduras, hay señales físicas que pueden indicar que la gallina tiene mala salud. Entre ellas se incluyen:

• Cualquier secreción de los ojos o de las fosas nasales. Una gallina saludable tiene los ojos claros.

• Ojos caídos o hinchados. Una gallina sana tiene ojos claros, vivaces y alerta.

• Una apariencia encorvada. Una gallina saludable tiene una marcha erguida y no se encorva.

• Heridas en las patas. La piel de las patas de la gallina debe estar libre de heridas.

- Las calvas sin plumas suelen indicar que la gallina puede tener ácaros o piojos.
- Pico torcido.
- La tos o el jadeo son signos de que la gallina está enferma.
- Una cabeza caída es un signo de enfermedad.

En qué hay que fijarse cuando se compran gallinas para poner huevos:

Si está buscando específicamente comprar buenas ponedoras de huevos, hay algunos consejos que le ayudarán a identificar las gallinas que ya han empezado a poner huevos.

- Busque peines y ojos brillantes. Si una polluela tiene un peine sin brillo, probablemente no ha alcanzado la edad de poner huevos.
- Las gallinas que ya han empezado a poner huevos tienen huesos anchos en la cadera, a diferencia de las caderas estrechas que se encuentran en las polluelas que aún no han alcanzado la etapa de ponedoras.

¿Cuánto debe esperar pagar?

Los precios de las gallinas generalmente varían de un criador a otro. Algunas razas también tienden a costar más que otras, así que todo esto influirá en cuánto pagará por las gallinas que quiera. Sin embargo, aquí hay algunas pautas con costos promedio indicativos.

I. Los polluelos tienden a ser más baratos que las aves maduras. Los polluelos para la mayoría de las razas cuestan entre un dólar y cinco dólares.

II. Las polluelas de edades comprendidas entre un mes y cuatro meses (4 -16 semanas) costarán, en promedio, entre 15 y 25 dólares.

III. Las gallinas maduras o las gallinas ponedoras costarán entre 10 y 100 dólares, dependiendo de la raza.

Polluelos bebé o gallinas - ¿Cuáles son mejores?

Al iniciar su bandada en el patio trasero, puede que se pregunte si ir por los gallinas maduras o empezar con los polluelos. La elección se reducirá a si está dispuesto a esperar los seis meses que tardan los polluelos en madurar y empezar a poner huevos. Algunas personas optan por los gallinas maduras porque no requieren tanto cuidado como los polluelos. En última instancia, tome una decisión basada en sus circunstancias y en lo bien equipado que está para cuidar de los polluelos bebé.

Ventajas de los polluelos bebé

- Más barato que los gallinas maduras
- Requiere menos alimentación
- Un vínculo más fácil con su mascota

Contras

- Seis meses de espera para los huevos
- Requiere más atención y cuidado

Comprar pollitas, que son gallinas adolescentes de 15 a 22 semanas de edad, puede ser finalmente mejor para usted si su único propósito para la crianza de gallinas es el huevo. Esto se debe a que las polluelas suelen estar a punto de empezar a poner huevos y le darán más que las gallinas mayores.

Si usted va por los polluelos, entonces necesitará tener una incubadora lista para ellos. Una incubadora es básicamente el primer lugar al que irán los polluelos cuando lleguen a casa. Ayuda a mantenerlos calientes y bien aislados a su tierna edad. No es necesario comprar una incubadora; puede improvisar usando un contenedor o una caja de cartón. Solo asegúrese de que su incubadora, ya sea comprada en una tienda o improvisada, tenga al menos 2 pies cuadrados de espacio para cada polluelo.

Es importante asegurarse de que su incubadora tenga la suficiente profundidad, al menos 12 pulgadas de profundidad. Esto mantiene a sus polluelos seguros y asegura que no salten por los lados. No es necesario cubrir la incubadora si es lo suficientemente profunda. Sin embargo, si decide cubrirla, asegúrese de usar un material transpirable, ya que sus polluelos necesitarán ventilación.

Para mantener la temperatura en la incubadora al nivel requerido, necesitará una lámpara de incubación. Puede comprar una lámpara de calor de 250 vatios en la mayoría de las ferreterías o tiendas de alimentación. La lámpara debe ser montada con una abrazadera para evitar el riesgo de incendio. Finalmente, necesitará poner lecho en el piso de la incubadora para mantenerla libre de humedad y bien aislada. Las virutas de pino se recomiendan como material de lecho ideal para las incubadoras.

Una vez que haya instalado la incubadora, ya puede poner su comedero y bebedero para polluelos. Compre un comedero que esté diseñado específicamente para los polluelos, ya que será más fácil de usar para sus polluelos. Es mejor tener la incubadora instalada antes de que lleguen los polluelos. Los polluelos tienden a ser delicados, y asegurarse de que su incubadora esté bien instalada y lista para ellos le ayudará a comenzar con el pie derecho.

Sus polluelos permanecerán en la incubadora durante unas cinco semanas. Después de este período, pueden ser trasladados con seguridad al gallinero principal. Tal vez quiera mantenerlos dentro del gallinero durante los primeros días para que entiendan que el gallinero es su "hogar". Una vez que se acostumbren al gallinero, se les puede permitir un tiempo al aire libre en el corral.

Capítulo 7: Cómo alimentar y dar de beber a su bandada

Una bandada saludable es una bandada feliz, y esto solo se logrará si sus gallinas se alimentan con una dieta sana y equilibrada. Las gallinas, en su mayoría, no son comedores quisquillosos y comerán felizmente las sobras de su mesa, los insectos y las malas hierbas del suelo y, por supuesto, el alimento de las gallinas. Esto significa que alimentar a sus gallinas no va a ser demasiado complicado, siempre y cuando sepan en qué consiste una dieta saludable para las gallinas.

Alimentar a las gallinas en diferentes etapas de la vida

Las necesidades nutricionales de un polluelo variarán de las de una gallina madura o incluso de una polluela. Esto significa que debe alimentar a su gallina con el alimento apropiado para su edad que mejor satisfaga los requerimientos nutricionales para la etapa de vida en la que se encuentran.

Alimentación de iniciación

Los polluelos bebé, desde los de un día hasta los de 18 semanas, requieren una dieta de iniciación. A esta tierna edad, los polluelos necesitan muchas proteínas para promover el crecimiento y el desarrollo. Por eso se recomienda la alimentación de iniciación para los polluelos, ya que contiene más proteínas que cualquier otro tipo de alimento para gallinas. En promedio, alimentación de iniciación para polluelos bebé tendrá un contenido de proteínas del 22%. Esta proteína es esencial para un crecimiento saludable y para la formación de las plumas, que están constituidas predominantemente de proteínas.

Otra razón por la que hay que asegurarse de que solo se alimente a sus polluelos con alimento de iniciación es que contiene bajos niveles de calcio. Los polluelos son súper sensibles al calcio, y si consumen grandes cantidades de este mineral, puede provocar deformaciones en los huesos e incluso causar daños en los riñones. El alimento para ponedoras, o gallinas maduras, tiende a tener altos niveles de calcio, que se requiere para la formación de los huevos. Aunque esto es beneficioso para las gallinas ponedoras, para los polluelos bebé demasiado calcio es perjudicial, y por lo tanto nunca debe alimentar a sus polluelos ponedoras con comida ni siquiera por un día.

Sus pequeños polluelos tendrán picos diminutos, por lo que requieren alimento que se muele en trozos finos para que les sea más fácil de comer y digerir. El alimento inicial está diseñado para ser lo suficientemente fino para los polluelos, así que mientras sus polluelos tengan menos de 18 semanas de edad, el mejor alimento para ellos es el alimento inicial.

Cuando compre el alimento de iniciación, notará que el alimento de iniciación está disponible en opciones medicadas y no medicadas. Si sus polluelos han sido vacunados contra la coccidiosis, no los alimente con alimento de iniciación medicado. El alimento medicado para pollos contiene amprolio, un compuesto que tiende a afectar la eficacia de la vacuna. Por otro lado, si sus polluelos no han sido vacunados contra la coccidiosis, el amprolio del alimento medicado sirve para protegerlos de la enfermedad.

Mantener a los polluelos en condiciones higiénicas ayuda a reforzar su inmunidad natural, por lo que no es necesario alimentarlos con piensos medicinales para mantenerlos a salvo de enfermedades.

Alimento de crecimiento

A partir de las ocho semanas de edad, sus polluelos necesitan alimento de crecimiento, que está diseñado para mantener a sus polluelos en crecimiento hasta que lleguen a la edad de puesta entre 18 y 22 semanas. Como los polluelos en la etapa de crecimiento, entre 8 y 18 semanas, aún no están poniendo huevos, el alimento de crecimiento contiene menos calcio que el alimento para ponedoras. El contenido de proteínas en el alimento para el crecimiento no es tan alto como el del alimento inicial, pero es suficiente para ayudar a los polluelos a madurar y convertirse en ponedoras.

Al igual que los polluelos bebé, las polluelas necesitan un alimento adecuado a su edad porque es el que mejor satisface sus necesidades nutricionales. No alimente a sus polluelas o a los pollitos en crecimiento con alimento para ponedoras porque contiene demasiado calcio para esa edad y puede causar problemas de salud a largo plazo.

Alimento para ponedoras

El alimento para ponedoras es apropiado para gallinas de más de 18 semanas que han empezado a poner huevos. El alimento para ponedoras está diseñado para proporcionar todos los nutrientes esenciales necesarios para mantener a sus gallinas maduras sanas y productivas en términos de puesta de huevos. El alimento para ponedoras contiene más calcio que los alimentos de crecimiento o de iniciación, y esto se debe a que las gallinas ponedoras necesitan más calcio para la formación adecuada de la cáscara.

El contenido de proteínas en el campo de las ponedoras es de alrededor del 16%, y aunque esto es suficiente para satisfacer las necesidades nutricionales de un pollo maduro, sería demasiado poco para satisfacer las necesidades de los polluelos o de las pollitas en crecimiento. Por eso es importante alimentar solo con alimento para ponedoras a las gallinas adultas de más de 18 semanas.

Alimento para gallinas de engorde

Si está criando sus gallinas con fines de carne, el alimento recomendado para ellas es el alimento para gallinas de engorde. Este tipo de alimento es rico en proteínas y está formulado para promover un crecimiento más rápido e impulsar el aumento de peso. Ayuda a sus gallinas a ganar peso rápidamente, lo cual es una característica deseable en las aves criadas para carne.

No alimente a las ponedoras con alimento para gallinas de engorde, ya que no tiene el contenido de nutrientes necesarios para aumentar la producción de huevos.

Diferentes formas de alimento para gallinas

Los alimentos para gallinas están disponibles en diferentes formas. Pueden ser en forma de harina, gránulos o desmenuzado. La harina es un alimento para gallinas fino y suelto que es fácil de digerir. Encontrará que el alimento para polluelos viene en forma de harina, ya que es la forma más fácil de digerir para los polluelos pequeños. El alimento de crecimiento también suele venir en forma de harina, al igual que el alimento para ponedoras.

El desmenuzado es un tipo de alimento para gallinas semi suelto. Es más grueso que la harina y se puede dar a las polluelas o a las ponedoras. Aparte del desmenuzado, el alimento para gallinas también está disponible en forma de gránulos. Los gránulos son populares porque tienden a ser menos desordenados que la harina, y la mayoría de las personas los encuentran más fáciles de manejar.

Suplementos

• Conchas de ostras aplastadas

Las gallinas ponedoras pueden necesitar una fuente adicional de calcio además de lo que hay en su alimento. Es por eso que las conchas de ostras trituradas son recomendadas para las aves ponedoras. La cantidad suplementaria de calcio ayuda a aumentar la producción de huevos y la formación de la concha. Las conchas de ostras no necesitan ser mezcladas con el alimento de las gallinas, simplemente se les proporciona en un comedero separado.

Las gallinas pueden controlar su ingesta de calcio en base a lo que necesitan, por lo que no hay que preocuparse de proporcionarles demasiada arena de concha. Solo comerán lo que su cuerpo necesita.

• Arenilla

La arenilla se utiliza para referirse a materiales duros como la arena, pequeñas piedras o tierra que se proporcionan a las gallinas para ayudar en la digestión. Las gallinas necesitan arenilla en su dieta para poder digerir alimentos fibrosos como los granos en su molleja. Si las gallinas pasan tiempo al aire libre, recogerán la arenilla del suelo al rascar y cavar y no necesitarán más arenilla en su dieta. Sin embargo, si sus gallinas están confinadas en su gallinero, debe proporcionarles algo de arenilla en un recipiente separado para que puedan digerir los alimentos fibrosos.

Los polluelos y las polluelas que solo han sido alimentados con alimento de iniciación o con alimento de crecimiento no necesitan ninguna arenilla, ya que no se les alimenta con granos u otros alimentos que son difíciles de digerir.

- **Bocadillos y sobras**

La comida humana es generalmente segura para las gallinas, y no
hay problema en alimentar a las gallinas con sobras de su mesa. Sin
embargo, ya que sus necesidades nutricionales se satisfacen con el
alimento para gallinas, se recomienda mantener al mínimo los
bocadillos las sobras de la mesa. Evite alimentar a sus pollos con
alimentos grasos, ya que esto puede llevar a la obesidad y, en
algunos casos, incluso dificultar la producción de huevos.

Las golosinas, como los mix de granos, pueden utilizarse para
aumentar la ingesta de carbohidratos de sus pollos. Los mix de
granos suelen contener una mezcla de diferentes granos. Aunque
los granos son buenos para la gallina, no contienen todos los
nutrientes que las aves necesitan, así que siempre utilice los mix de
granos como una golosina y no como el principal alimento básico
de la dieta de las gallinas.

Demasiados mix de granos pueden llevar a la obesidad, ya que
son altos en carbohidratos. Los mix de granos también carecen de
todos los nutrientes que necesitan las gallinas, por lo que no se
recomienda confiar en ellos como alimento principal de las gallinas.
Mientras alimente a sus gallinas con el alimento apropiado,
ocasionalmente se les puede dar bocadillos y sobras, pero no son
necesarias.

Alimentación libre versus alimentación restringida

Las gallinas comen casi todo el día, por lo que no se recomienda
una alimentación restringida. Una gallina solo puede comer
pequeños trozos de comida a la vez, así que, en la mayoría de los
casos, comerán poco a la vez durante el día. Usando comederos
que reponen el alimento a medida que se come, puede asegurarse
de que sus gallinas tengan acceso al alimento durante el día sin
tener que seguir reponiendo el alimento manualmente.

Encontrar el alimento adecuado para sus gallinas hará que el proceso de alimentación sea mucho más fácil. No se recomienda alimentar a las gallinas en el suelo, ya que cuando esto se hace, el alimento termina mezclándose con excremento de gallina y otros tipos de suciedad en el suelo. Esto puede conducir a enfermedades e infecciones en su bandada. Para evitar esto, un comedero apropiado será útil.

Comederos automáticos

Los comederos automáticos son convenientes, fáciles de usar y también ayudan a reducir el desperdicio de alimento. Con este tipo de comedero, usted almacenará su alimento para gallinas en él, eliminando la necesidad de seguir rellenando su comedero.

Con un comedero automático, el alimento se dispensa según sea necesario, por lo que puede terminar ahorrando en los gastos de alimentación de las gallinas. La desventaja de esto es que como las gallinas pueden acceder al alimento en cualquier momento, puede alentar a comer en exceso, por lo que hay tanto pros como contras en el uso de los comederos automáticos. Estos tipos de comederos también son efectivos para mantener las plagas y los insectos lejos del alimento de las gallinas. Sin embargo, un comedero automático suele ser más costoso que otros tipos de comederos.

En última instancia, si no le apetece tener que alimentar a sus gallinas manualmente un día sí y otro no, un comedero automático es la solución.

Comederos de gravedad

Estos comederos son fáciles de usar y funcionan simplemente soltando el alimento hacia abajo mientras se come. Puede montar un comedero de gravedad o dejarlo como independiente, dependiendo de dónde elija colocarlo. A diferencia del comedero automático, este tipo necesita ser reabastecido a menudo, ya que solo se puede poner una cantidad limitada de alimento.

El número de comederos que necesitará dependerá del tamaño de su bandada. Intente tener al menos un comedero por cada diez aves. Si tiene aves de edades mixtas en el mismo gallinero, debe tener un comedero separado para sus polluelos para asegurarse de que solo coman su alimento y no el de las ponedoras.

Los comederos por gravedad son baratos, fáciles de usar y una opción conveniente si tiene una bandada pequeña.

Abrevadero de sus gallinas

Las gallinas maduras beben aproximadamente una pinta de agua al día. Dado que beben esta cantidad en pequeñas porciones a lo largo del día, es esencial asegurarse de que sus gallinas tengan acceso a agua limpia a tiempo completo. La falta de suficiente agua potable puede causar una pobre producción de huevos, mala salud e incluso un desarrollo deficiente.

Los bebederos son muy útiles porque ayudan a suministrar agua de manera eficiente a sus gallinas. Cuando se les proporciona agua a las gallinas en recipientes abiertos, las posibilidades de que la suciedad y los desechos contaminen el agua son altas. Por eso un bebedero es más adecuado e higiénico para su bandada.

Bebederos Galvanizados

Cuando se utiliza un bebedero galvanizado, la presión del vacío permite que el agua siga llenando el bebedero según sea necesario. Esto limita el desperdicio y evita el sobrellenado. Sin embargo, necesitará poner el bebedero en una superficie plana para que funcione correctamente. También puede suspender o colgar el bebedero del tejado del gallinero.

Un bebedero galvanizado está típicamente hecho de acero y por lo tanto es muy duradero. Sin embargo, si planea complementar el agua con vinagre u otros suplementos, reaccionarán con el metal, así que es mejor si va a por un bebedero de plástico.

Bebederos de plástico

Al igual que los bebederos galvanizados, los bebederos plásticos liberan agua a medida que se necesita. Esto ayuda a eliminar los residuos y también a mantener limpia el agua potable. Los bebederos plásticos vienen en una variedad de tamaños que van desde los más pequeños hasta los más grandes. Este tipo de bebedero es fácil de usar y es el más popular entre las personas que crían gallinas domésticas.

Con este tipo de bebedero, se pueden agregar suplementos al agua, ya que los suplementos no reaccionan con el plástico. Este tipo de bebedero también es ideal para condiciones de calor extremo, ya que no se calienta tan rápido como el metal galvanizado. Los bebederos plásticos también aíslan el agua mejor que los de metal en temperaturas frías.

Bebederos de boquilla

Los bebederos de boquilla suelen tener pequeñas boquillas de plástico o salidas unidas al bebedero principal de modo que, en lugar de beber de un abrevadero o labio, sus gallinas beben de la boquilla. Estos bebederos ayudan a mantener el desorden al mínimo. Sin embargo, necesitará entrenar a sus gallinas para que beban de este tipo de bebedero hasta que le cojan el truco.

Algunos bebederos tienen vasos en lugar de salidas boquillas. Estos pueden ser comprados por separado para ser conectados a su bebedero normal, o puede comprar un bebedero que ya los tenga conectados.

Bebederos caseros

Puede fácilmente hacer un bebedero casero para sus gallinas usando un cubo de plástico y un plato. Simplemente perfore algunos agujeros en el cubo. Perfore los agujeros más abajo que la parte superior del plato de plástico que va a utilizar. Llene el balde con agua y vuelva a colocar la tapa. El cubo debe estar encima del plato, permitiendo un área para que las gallinas beban a lo largo de los bordes.

Abrevadero en invierno

Cuando las temperaturas bajan, el agua tiende a congelarse, por lo que tendrá que asegurarse de que sus gallinas todavía tienen acceso al agua durante el invierno. Reponer los bebederos con agua tibia a menudo es una forma de asegurar que sus gallinas tengan acceso al agua potable durante la temporada de frío.

Si utiliza un bebedero galvanizado, tener una lámpara de calor directamente sobre él puede ayudar a evitar que el agua se congele. Algunos bebederos vienen con bases calefactoras que pueden ser conectadas a la electricidad para evitar que el agua se congele. Esto también ayudará a asegurar que sus gallinas tengan acceso al agua durante los fríos meses de invierno.

Señales de mala nutrición en la gallina

Para que sus gallinas se mantengan sanas y productivas, una dieta saludable es crucial. Tener cuidado de observar cualquier signo de deficiencias nutricionales en su bandada le guiará para saber si está alimentando a sus gallinas adecuadamente.

A continuación, se presentan algunos síntomas clásicos de mala nutrición a los que debe estar atento.

I. Una caída en la producción de huevos

II. Emplumado pobre

III. Huevos con cáscara fina

IV. Piernas curvadas

V. Retraso del crecimiento

VI. Plumas arrugadas

VII. Dedos de la patas que se curvan hacia adentro

VIII. Gallinas comiendo sus propios huevos

Las proteínas, las vitaminas, los minerales y los carbohidratos juegan un papel crucial para asegurar la buena salud de las gallinas. Asegúrese siempre de que sus gallinas reciben el alimento adecuado para su edad. Si sus gallinas están encerradas o restringidas a un área en la que no pueden buscar comida en el suelo, puede incluir suplementos en su dieta para compensar cualquier deficiencia de nutrientes en su alimento.

En última instancia, solo obtendrá lo mejor de su gallina si está bien alimentada y cuidada. Las aves sanas producen más huevos que las que tienen mala salud. Siempre revise las etiquetas de los alimentos que compra para asegurarse de que está recibiendo un alimento que cumple con los requisitos nutricionales básicos de sus gallinas.

Capítulo 8: Administración de sus gallinas ponedoras

Con el aumento de la conciencia de la importancia de la comida saludable de fuentes saludables, no es sorprendente que un número cada vez mayor de personas se hayan dedicado a la cría de gallinas domésticas. Ya sea que se mantenga una modesta bandada o docenas de aves, una cosa en la que la mayoría de las personas están de acuerdo es que tener su propio suministro de huevos frescos es muy conveniente. Sin embargo, para obtener lo mejor de sus ponedoras, necesita asegurarse de que están bien cuidadas.

Comenzar con polluelos sanos

Si está criando gallinas domésticas para los huevos, puede comprar polluelos o gallinas adultas. Los polluelos tienden a ser más baratos de comprar en comparación con las gallinas adultas. Sin embargo, habrá un período de espera antes de que pueda comenzar a recolectar los huevos. Los polluelos pueden significar mucho más trabajo en términos de cuidado y mantenimiento, pero una vez que empiezan a poner huevos, es probable que produzcan más huevos que las gallinas adultas. Por otro lado, los polluelos requieren muchos cuidados, por lo que, si no se dispone de mucho tiempo para el cuidado y mantenimiento, siempre se pueden comprar gallinas adultas.

Si decide comenzar su bandada con polluelos, el tipo de cuidado que reciben en las primeras etapas de la vida definitivamente impactará en su producción de huevos en la edad adulta. Un error común que debe evitar es alimentar a los polluelos con comida para ponedoras. Incluso si sus polluelos están destinados a ser criados en ponedoras, nunca deben ser alimentados con alimento para ponedoras hasta que tengan al menos 18 semanas de edad.

El alimento de las ponedoras tiene altos niveles de calcio que es beneficioso para las gallinas ponedoras, ya que ayuda en la formación de la cáscara. Sin embargo, los polluelos no requieren altos niveles de calcio, y si consumen demasiado, puede conducir a problemas de riñón y deformidades óseas. Siempre alimente a sus polluelos con alimento de inicio hasta que tengan 18 semanas de edad. Después de 18 semanas, la mayoría de las razas estarán listas para empezar a poner huevos, y en este punto, puede cambiarlos con seguridad de alimento de inicio a alimento para ponedoras.

Sus polluelos siempre deben tener acceso a agua limpia. Puede hacer que el bebedero para sus polluelos esté suspendido sobre el piso de la incubadora para que no se contamine con excremento o cualquier otro tipo de suciedad. Siempre debe mantener la incubadora limpia si quiere que se mantengan saludables. Si deja el lecho en su incubadora demasiado tiempo, la acumulación de excremento y humedad puede causar enfermedades.

Una incubadora sucia puede socavar todo su trabajo duro, incluso si está alimentando a sus polluelos con el alimento adecuado. Limpie su incubadora tan a menudo como sea posible, y no deje que el lecho se humedezca. Una incubadora sucia puede provocar enfermedades e impactar negativamente en el crecimiento y desarrollo de sus polluelos.

Una vez que los polluelos han comenzado a crecer algunas plumas, por lo general en unas cinco o seis semanas, están listos para ir al gallinero principal. A partir de esta edad, se les puede permitir salir al aire libre, aunque tendrá que asegurarse de que están a salvo de los depredadores y roedores.

Alimentando sus ponedoras

Cuando sus gallinas llegan a la etapa de puesta de huevos, sus necesidades nutricionales evolucionan para permitirles producir huevos. Esto significa que necesitan ser alimentadas con alimento para ponedoras. Este alimento tiene una dosis saludable de calcio, que se requiere para la formación de la cáscara. Es importante asegurarse de que sus ponedoras estén comiendo el alimento adecuado y que tengan suficiente.

Las gallinas tienden a comer durante todo el día. La mejor manera de alimentarlos es a través de comederos que dispensan la comida a medida que se come. Esto ayuda a asegurar que sus ponedoras tengan acceso a la comida cuando la necesiten. La principal fuente de nutrición para sus ponedoras debería ser el alimento para ponedoras. Aunque las gallinas están felices de comer cualquier cosa, incluyendo las sobras de su mesa, requieren una dieta nutritiva, que solo se logra alimentándolas principalmente con alimento para ponedoras de alta calidad.

Incluso con una alimentación de alta calidad para ponedoras, sus ponedoras seguirán necesitando una fuente adicional de calcio. Por eso es importante proveer a sus gallinas con conchas de ostras trituradas. Las conchas de ostras trituradas son una gran fuente de calcio para las ponedoras. Todo lo que necesita hacer es ponerlas en un plato o contenedor separado cuando alimente a sus gallinas. No tiene que preocuparse de que sus gallinas coman demasiado de las conchas de ostras. Las gallinas comerán tanto calcio como su cuerpo lo requiera. Haga de las conchas de ostras un elemento básico en la dieta de sus gallinas si quiere aumentar la producción de huevos.

Si sus gallinas no son de cría libre, significa que no tienen suficiente arenilla. La arenilla es un material grueso que las gallinas ingieren del suelo para ayudar a la digestión de materiales fibrosos como los granos. En el caso de las aves encerradas, es necesario proporcionarles arenilla para complementar su dieta y ayudar en la digestión adecuada. No mezcle la arenilla con el alimento regular de las gallinas, sino que debe proporcionarla por separado. Al igual que las conchas de las ostras, las gallinas solo ingerirán la cantidad de arenilla que necesiten, así que no hay que preocuparse de que puedan comer demasiada.

Aparte de su alimento principal para ponedoras, aquí hay algunas cosas que puede incluir en la dieta de sus gallinas para mantenerlas poniendo huevos.

• Gusanos de la harina

Esta golosina está llena de proteínas saludables y es una golosina muy saludable para las gallinas. También contiene muchos minerales y vitaminas esenciales que son buenos para la salud de las gallinas. Sin embargo, no alimente demasiado a sus gallinas, ya que no requieren cantidades excesivas de proteínas. Una cucharada de gusanos de la harina por gallina una o dos veces a la semana debería ser suficiente.

• Maíz quebrado

Este es una golosina saludable para las ponedoras. Sin embargo, el maíz tiene un alto contenido en carbohidratos, por lo que se debe alimentar a las gallinas con moderación para evitar la obesidad. El aumento de peso excesivo reduce la producción de huevos y no es bueno para la salud de las gallinas.

• Verduras

Las verduras y los vegetales tienen muchos minerales y vitaminas esenciales que ayudan a mantener a sus gallinas sanas. La col rizada, el repollo y los dientes de león son grandes bocadillos saludables que puede dar a sus gallinas ocasionalmente.

Las frutas como la sandía también son buenas para las gallinas y pueden darse como bocadillos de vez en cuando.

- **Granos raspados**

Puede alimentar a sus gallinas con granos raspados como bocadillos, siempre que lo haga con moderación.

- **Desechos y sobras**

Las gallinas pueden consumir comida humana con seguridad, ya que la mayoría de los alimentos humanos también son seguros para las gallinas. Sin embargo, cuando les dé a sus gallinas sobras de su mesa, evite ciertos alimentos, incluyendo el aguacate, los tallos de tomate y frutas como el limón y las naranjas. También deben evitarse alimentos como el ajo y la cebolla. Tenga en cuenta que las sobras de la mesa deben administrarse con moderación, ya que pueden provocar obesidad, lo que a su vez afectará a la salud de sus gallinas.

Por último, sus ponedoras deben tener acceso a agua limpia en todo momento. Encuentre un bebedero adecuado y asegúrese de mantenerlo siempre limpio. Los contaminantes provenientes del excremento de las gallinas, impurezas y desechos pueden contaminar fácilmente el agua. Si descubre que el agua de las gallinas tiene suciedad, viértala y reemplácela por agua potable limpia.

Alojamiento

El gallinero y el corral necesitan mantenerse limpios para asegurar la salud de las gallinas. Asegúrese de que tiene un lecho adecuado para mantener el gallinero libre de humedad. El lecho también ayuda a prevenir la acumulación de amoníaco en el gallinero. Si el amoníaco del estiércol de las gallinas se acumula a niveles muy altos, puede provocar enfermedades respiratorias, por lo que es mejor asegurarse de que el gallinero esté bien ventilado.

Las ponedoras necesitan un espacio privado para poner huevos y para la cría. Deberían tener cajas para anidar en su gallinero donde sus ponedoras puedan poner huevos. Las cajas de anidación necesitan ser acolchadas con lecho. La paja y el heno son excelentes lechos para las cajas de anidación, ya que son suaves. Este lecho acolchará el huevo una vez puesto y también ayudará a aislar a la gallina. Sin embargo, al igual que el lecho del resto del gallinero, cambie el lecho de las cajas de anidación a menudo para mantenerlas limpias. Las cajas de anidación deben ser limpiadas al menos una vez al mes.

Las cajas de anidación necesitan ser ligeramente levantadas del suelo. Las cajas de anidación deben ser iluminadas tenuemente, por lo que solo asegúrese de que no se colocan en un área con luz solar directa. Algunas personas usan cortinas, pero esto no es necesario siempre y cuando se hayan colocado las cajas de anidación en una zona tranquila del gallinero.

Se necesita al menos una caja de anidación por cada cuatro gallinas para que todas las ponedoras tengan acceso a la siguiente caja cuando necesiten poner huevos. Si las cajas de anidación son muy pocas, sus gallinas pueden recurrir a poner huevos en rincones escondidos y grietas que pueden ser difíciles de alcanzar. Sobre todo, asegúrese de que sus cajas de anidación estén a salvo de depredadores, roedores y otras plagas. Los huevos pueden atraer a los depredadores, por lo que sus cajas de anidación deben ser revisadas regularmente para detectar plagas y roedores como los ratones.

Los meses de invierno representan un desafío para las gallinas, ya que el clima frío puede afectar la producción de huevos si su bandada no está cómoda y debidamente aislada. Para asegurarse de que sus ponedoras estén cómodas durante la temporada de frío, estos son los factores que debe tener en cuenta.

1) Iluminación

Las ponedoras necesitan luz para estimular la glándula pineal. Esta glándula inicia la producción de huevos liberando hormonas para iniciar el proceso. Esto significa que las gallinas necesitan la luz del día para producir huevos. En los meses de invierno, pueden sustituir la luz del día por una bombilla incandescente de 60 vatios. Asegúrese de proporcionar luz durante al menos 16 horas cada día.

2) Dormideros

Las barras de descanso son una parte esencial de cualquier gallinero. Sus ponedoras necesitan un área cómoda para posarse, y los gallineros les proporcionan este espacio. Cuando hace frío, las gallinas tienden a posarse cerca unas de otras para mantenerse calientes. Asegúrese de que el gallinero tenga suficiente espacio para que sus gallinas se posen. Una regla general es tener por lo menos 8 pulgadas de espacio para el gallinero.

3) Evitar que el agua se congele

El agua tiende a congelarse en invierno, especialmente si está en bebederos galvanizados. Esto significa que tendrá que mantener un suministro fresco de agua caliente a sus ponedoras durante los meses más fríos. Las gallinas no pondrán huevos si no tienen acceso a suficiente agua, así que asegurarse de que su agua no se congele es crucial.

4) El método del lecho profundo

El lecho no solo ayuda a mantener el gallinero limpio y sin olores, sino que también ayuda a aislar el gallinero, haciéndolo más cálido y confortable para sus gallinas. Durante el invierno, tener una capa más profunda de lecho y arena que durante los meses de verano puede ayudar a mantener el gallinero caliente.

Para utilizar el método del lecho profundo para mantener el gallinero lo suficientemente caliente en invierno, puede seguir añadiendo a su lecho normal a medida que se aproxima el invierno, añadiendo capa tras capa de lecho periódicamente. Para el invierno, si su lecho tiene hasta 8 pulgadas de profundidad, las capas inferiores del lecho comenzarán a emitir calor a medida que se composta, y el gallinero estará mucho más caliente.

5) Proporcione bocadillos para calentar

Tratamientos como el maíz, que estimulan el metabolismo de las gallinas, pueden ayudar a mantenerlas calientes. Puede alimentar a sus gallinas con maíz partido por las tardes para mantenerlas calientes durante la noche.

Reducir el estrés para una mejor producción de huevos

Los vientos, el calor extremo y las olas de frío son factores de estrés que pueden afectar la capacidad de las gallinas para producir huevos. Para reducir los niveles de estrés que sufren sus gallinas durante las condiciones difíciles, aquí hay algunos consejos sencillos para ayudar a mantener la producción de huevos y a sus gallinas saludables.

• Aumentar la ingesta de proteínas puede ayudar a minimizar los efectos del estrés en sus gallinas. Puede añadir a la dieta de sus gallinas bocadillos ricos en proteínas, como los gusanos de la harina.

• Los alimentos verdes, como los vegetales, pueden ayudar a aumentar la fertilidad y la producción de huevos en las gallinas. Son ricos en vitaminas y minerales esenciales y tendrán efectos beneficiosos, especialmente durante las temporadas de alto estrés.

• Añadir vitaminas o suplementos al agua potable también puede ayudar a aumentar la producción de huevos.

• El estrés por calor también es malo para las gallinas y puede causar una disminución en la producción de huevos. Asegúrese de que durante los meses súper calurosos sus gallinas tengan acceso a áreas sombreadas donde puedan refrescarse.

Razones por las que las gallinas dejan de poner huevos

1. Una mala dieta es una de las principales razones por las que las gallinas dejan de poner huevos. Alimente siempre a sus ponedoras con el alimento recomendado para las gallinas ponedoras de huevos e incluya bocadillos saludables como conchas de ostras para aumentar los niveles de calcio en la dieta.

2. Si sus gallinas no reciben suficiente luz del día, pueden dejar de poner huevos. Las gallinas necesitan al menos 16 horas de luz para producir huevos. Una fuente de luz artificial puede ayudarle a asegurar que sus gallinas reciban suficientes horas de luz todos los días.

3. Las gallinas de cría no ponen huevos. Normalmente pasan mucho tiempo en la caja de anidación y pueden llegar a proteger su espacio, ya que están tratando de empollar los huevos. Este proceso suele durar 21 días.

4. Algunas razas de gallinas no son tan prolíficas como otras y pueden poner solo dos o tres huevos en una semana.

5. Las enfermedades e infecciones parasitarias pueden interferir con la producción de huevos, por lo que, si sus gallinas tienen mala salud, es probable que su producción de huevos disminuya.

6. Las gallinas eventualmente dejarán de poner huevos debido a la edad. La mayoría de las gallinas pondrán activamente huevos durante unos tres años, pero después de eso, habrá una disminución natural en la producción de huevos hasta que cese por completo.

Capítulo 9: Entendiendo a las gallinas

Como propietario primerizo, puede observar comportamientos en sus gallinas que tal vez no entienda. Las gallinas tienden a variar en términos de temperamento, preferencias, peculiaridades e incluso niveles de actividad. Sus gallinas tendrán diferentes personalidades, y por lo tanto no es inusual encontrar que su bandada está compuesta por gallinas que tienen cada una sus características únicas. Entender por qué sus gallinas se comportan de cierta manera puede ayudarle a cuidarlas y a crear un vínculo con ellas.

A las gallinas les va mejor cuando se crían en grupos o bandadas. Esto se debe a que las gallinas son naturalmente sociales, por lo que prosperan en grupos o bandadas donde son parte de una familia o comunidad. Observar a sus gallinas mientras interactúan y se ocupan de sus asuntos puede ser bastante interesante, y muchas personas que disfrutan de la crianza de gallinas como pasatiempo a menudo se encuentran disfrutando de la "televisión de las gallinas". Sin embargo, es importante saber qué conductas constituyen un comportamiento normal de las gallinas y cuáles pueden ser señales de enfermedad o de estrés.

Comportamiento normal de la gallina

Orden jerárquico

En cada bandada, hay un orden jerárquico. Así es como funciona la jerarquía social de las gallinas. Cuando las gallinas se juntan en grupos, encuentran maneras de establecer rangos donde hay una especie de estructura social, y todo el mundo sabe su lugar. Esto sucede incluso entre los polluelos, y encontrará que incluso las aves a esa tierna edad tienen un orden jerárquico.

A menudo las gallinas se pelean entre sí para establecer y mantener un orden de picoteo, así que no se sorprenda al ver que las gallinas de su bandada se pelean de vez en cuando. La mayoría de las peleas suelen ser de corta duración y no terminan realmente causando un daño grave. Sin embargo, esto puede no ser el caso si su bandada tiene varios gallos. Los gallos pueden pelear a muerte, especialmente si hay gallinas en la bandada por las que pelear.

Las bandadas pequeñas tenderán a tener menos disputas sobre el rango por la simple razón de que es más fácil establecer un orden de jerarquía en grupos más pequeños. Las bandadas más grandes tendrán peleas más frecuentes, especialmente si la bandada tiene varios gallos. En cualquier bandada en la que haya un solo gallo, este dominará a las gallinas y será el líder por defecto de la bandada.

El gallo líder mantiene la jerarquía social en su bandada e incluso acude al rescate cuando las gallinas de su bandada se pelean. Aunque el gallo se vuelve protector de todas las gallinas de su rebaño, a menudo, tendrá una gallina favorita a la que obviamente favorece sobre las demás. Este tipo de favoritismo es una especie de ritual de apareamiento, y el gallo se apareará más a menudo con su gallina favorita que con las otras gallinas de su bandada.

En las bandadas sin gallo, la gallina dominante se convierte en la líder de la bandada. Ella estará a cargo de la bandada y asumirá el papel de protectora y pacificadora para el resto de la bandada. El orden de jerarquía se interrumpe generalmente cuando se traen nuevas gallinas a la bandada. Si se introducen nuevas aves en una bandada existente, es probable que haya una cierta cantidad de disputas. Esta es generalmente una manera de mostrar a las nuevas aves quién está a cargo y establecer sus lugares o clasificaciones en la bandada.

Para mantener las peleas al mínimo cuando se traen nuevas aves a casa, se las puede separar del resto de la bandada por un día o dos. Esto les dará tiempo para familiarizarse con los demás sin tener que estar necesariamente a una distancia de pelea.

A fin de cuentas, las disputas y peleas entre gallinas son normales. Es simplemente como establecen su orden de picoteo. No es necesario tratar de separarlas durante tales peleas, ya que estas peleas suelen ser cortas, y en la mayoría de los casos, no se derrama sangre. Sin embargo, los gallos pueden matarse entre sí en el curso de una pelea seria, así que una vez que comienzan a sacar sangre, deberá separarlos para evitar un resultado fatal.

Baños de polvo

A menudo notará que a sus gallinas les encanta bañarse en el polvo. El baño de polvo es un comportamiento normal en las gallinas, y proporcionar un baño de polvo en su gallinero es en realidad recomendado para mantener a sus gallinas felices. Al tomar un baño de polvo, su gallina encontrará un lugar con tierra suelta. Entonces cavarán una depresión en este parche antes de sentarse en él y tirar la tierra sobre ellas mismas con sus plumas y patas.

El baño de polvo ayuda a los gallinas a deshacerse de los ácaros, piojos y otros parásitos. También es una experiencia divertida para ellas, por lo que, si sus gallinas están confinadas a un corral, siempre puede proporcionarles una caja de arena para el baño de polvo.

Crianza

Las gallinas se empollan de vez en cuando. Aquí es cuando la gallina quiere incubar los huevos. Las gallinas que incuban se vuelven inactivas y pueden sentarse en la caja del nido durante días. También pueden volverse agresivas o protectoras al tratar de proteger su espacio de anidación. Si quiere polluelos, este es el mejor momento para poner huevos en la caja de anidación de la gallina y dejarla que los incube. Sin embargo, si no quiere polluelos, puede evitar que una gallina sea incubada bajando su temperatura corporal. Un baño frío o mantenerlas alejadas del nido por la noche son dos maneras fáciles de hacerlo.

Canto

Los gallos cantan todos los días. Esto es solo parte de su naturaleza; ellos cantarán al amanecer y durante todo el día. Esto es parte de la razón por la que la mayoría de las ciudades y pueblos prohíben la cría de gallos. El canto, desafortunadamente, no es algo que se pueda detener, ya que es una parte natural del comportamiento de un gallo.

Cuando cantan, los gallos están esencialmente dando a conocer su presencia a los otros gallos, a las gallinas a su alrededor, o simplemente expresándose. Incluso si su área le permite criar gallos en su patio trasero, asegúrese de que está listo para lidiar con el canto de los gallos, porque va a ser un hecho cotidiano.

Acicalamiento

Notará que sus gallinas pasan bastante tiempo picoteando sus plumas. Este tipo de acicalamiento es parte del comportamiento normal de las gallinas. Cuando se acicalan, las gallinas esencialmente eliminan la suciedad, las plagas o los insectos de sus plumas, así que, en efecto, el acicalamiento es la forma de las gallinas de mantenerse limpias.

Muda

Las gallinas usualmente pasan por un período en el que se deshacen de las plumas viejas y les crecen otras nuevas. Este proceso se conoce como muda y típicamente ocurrirá cuando las temperaturas empiecen a enfriarse. Durante este período de muda, notará que sus gallinas dejarán de poner huevos, ya que están reservando sus nutrientes para el proceso de renovación de las plumas.

El período de muda tiende a variar de una gallina a otra, pero en promedio, oscilará entre 4 y 16 semanas. Puede ayudar a acelerar el proceso de sus gallinas aumentando su ingesta de proteínas. Las plumas están compuestas en su mayoría por proteínas, así que cuanto mayor sea la cantidad de proteínas en la dieta de su gallina, más rápido será el proceso de muda. También es mejor evitar el estrés de sus gallinas durante este período. Esto significa que no debe tocarlas ni manipularlas, ya que sus cuerpos son súper sensibles durante el período de muda.

Rascando y escarbando

A las gallinas les encanta rascar y escarbar el suelo. Desentierran bichos, gusanos y arenilla para comer del suelo. Notará que sus gallinas pasarán la mayor parte del tiempo al aire libre escarbando y rascando. Este es un comportamiento normal y esperado de las gallinas, y se recomienda que les proporcione un área de forrajeo al aire libre donde puedan cavar y rascarse. Si sus gallinas no son de cría en libertad, puede confinarlas a un corral, lo cual les dará un espacio para buscar comida donde puedan escarbar y rascar.

Celibato

Las gallinas no necesitan un gallo en la bandada para ser felices o
para poner huevos. Las gallinas que se crían sin gallo crean su
propia sociedad y orden de picoteo donde la gallina dominante se
convierte en la cabeza del grupo. Las gallinas pondrán huevos como
lo harían normalmente sin un gallo en la bandada. Sin embargo,
dado que estos huevos no serán fertilizados, no podrán empollar
polluelos de ellos.

Comportamiento anormal de las gallinas

Hay comportamientos de las gallinas que deberían servir como
indicador de que hay un problema con su bandada. El
comportamiento anormal de las gallinas puede ser causado por
enfermedades o factores de estrés, por lo que la observación de sus
gallinas a menudo le ayudará a detectar cualquier comportamiento
no deseado. Aquí hay algunos comportamientos anormales de las
gallinas para los cuales usted necesita estar alerta.

Agresión

Las disputas y las peleas, como hemos aprendido, son
comportamientos aceptables y normales que las gallinas usan para
establecer un orden de picoteo en la bandada. Sin embargo, en
algunos casos, pueden tener aves demasiado agresivas que lo atacan
a usted o a sus hijos. Este comportamiento es comúnmente
observado en los gallos. Los gallos pueden adquirir el hábito de
atacar a cualquiera que se acerque a su espacio. Picotearán,
abofetearán con sus plumas, e intentarán golpear con sus garras o
espuelas.

Este tipo de agresión puede ser peligrosa, especialmente si tiene
hijos, y necesita ser abordada. Un gallo que ataca a los humanos
está tratando de establecer un dominio sobre ellos, y si no se frena
el comportamiento, puede convertirse en un problema serio. Para
establecer que usted es el jefe, necesita manejar al gallo con un poco

de fuerza. Esto significa que, si le picotea, debe empujarlo con las patas y forzarlo directamente al suelo.

El objetivo no es herir al pájaro sino forzarlo a una posición sumisa. También puede sujetarlo por unos minutos. Forzar al gallo agresivo a quedarse quieto es una forma de establecer quién está a cargo. Los gallos generalmente dejan de atacar a los humanos una vez que se les hace entender que los humanos están más arriba en la jerarquía.

Las gallinas rara vez serán agresivas con los humanos a menos que estén protegiendo a sus polluelos. Esto es solo un instinto de protección natural y solo durará mientras los polluelos sean jóvenes. Evite tocar o manipular a los polluelos, ya que esto puede hacer que la gallina madre sienta que sus bebés están en peligro y lo ataque.

Picoteo y recolección de plumas

Cuando sus gallinas no tienen suficiente espacio y están en un gallinero o corral atestado, pueden recurrir al picoteo incesante y a la recolección de plumas. Esto puede ser un signo de estrés o aburrimiento. Siempre asegúrese de que su corral y gallinero tengan suficiente espacio para el número de aves que tiene en su bandada. El espacio recomendado en el gallinero por gallina es de al menos tres pies cuadrados, mientras que el corral debe tener al menos de ocho a diez pies cuadrados de espacio para cada ave.

Caída de alas

Si observa a sus gallinas arrastrando sus plumas por el suelo, es una señal común de enfermedad. Las alas caídas pueden señalar cualquier número de condiciones, y es posible que necesite que su gallina sea revisada para detectar enfermedades. Recuerde que las enfermedades de las gallinas se pueden propagar muy rápidamente entre la bandada, por lo que una intervención temprana puede ayudarle a evitar que una enfermedad se propague.

Letargo

Una gallina normal es por naturaleza alerta, activa y curiosa. Estarán rascando y escarbando en el suelo, moviéndose constantemente, e interactuando de una manera u otra con el resto de la bandada. Si su gallina parece aburrida o inactiva y muestra un desinterés general por lo que pasa a su alrededor, puede que no se encuentre bien. Si observa que la gallina tiene problemas para mantener la cabeza en alto o para caminar, es una clara señal de mala salud, y debe ser examinada por un veterinario.

Gallinas comiendo sus propios huevos

Cuando las gallinas empiezan a comer sus propios huevos, esto puede convertirse en un problema serio. Este comportamiento es comúnmente causado por una deficiencia de calcio, y las gallinas comienzan a comer huevos como una forma de complementar su consumo de calcio. Si se deja que este comportamiento continúe durante mucho tiempo, será aún más difícil de romper, así que es mejor detenerlo tan pronto como se dé cuenta de que está sucediendo.

Para detener este hábito, alimente a sus gallinas con calcio extra proporcionándoles cáscaras de ostras trituradas. Evite alimentarlos con cáscaras de huevo a menos que estén completamente trituradas; de lo contrario, comenzarán a asociar sus huevos con las cáscaras que usted les da.

Otra razón que puede animar a las gallinas a comer sus huevos es la rotura de los mismos. Una vez que un huevo se rompe, es probable que las gallinas lo coman. Para evitar esto, asegúrese de que sus cajas de anidación estén bien acolchadas con paja y heno. También debe evitar la congestión en las cajas de anidación teniendo al menos una caja de anidación por cada cuatro gallinas de su bandada.

En última instancia, las gallinas tienen peculiaridades y personalidades únicas, y la mejor manera de entender su bandada es pasar algún tiempo observándolas. De esta manera, conocerá cuál es el comportamiento normal de ellos. Una vez que entienda su comportamiento rutinario, será más fácil identificar cualquier comportamiento no característico que pueda ser causado por el estrés, la enfermedad u otros factores. Un buen criador de gallinas conoce bien a su bandada y se ocupa de entender a sus gallinas.

Capítulo 10: Todo sobre los huevos

Uno de los principales beneficios de la crianza de gallinas en el patio trasero es el suministro de huevos frescos. A medida que más y más personas buscan formas de producir su propia comida y tomar el control de qué tipo de comida está en su mesa, la popularidad de la crianza de gallinas sigue aumentando. Para los principiantes que acaban de comenzar la crianza de gallinas, recolectar su primer lote de huevos puede ser bastante satisfactorio.

Yemas brillantes, claras firmes y, por supuesto, bondades sabrosas son algunas de las características de los huevos frescos. Cuando se comparan los huevos de su gallinero con los comprados en el supermercado, la diferencia suele ser bastante clara. Cuando uno compra huevos en una tienda de comestibles, no hay forma de saber cuán frescos son, cómo se criaron las gallinas que los produjeron, o qué tipo de alimento se les dio.

Cuando se crían gallinas en el patio trasero, se tiene control sobre su dieta. Esto significa que puede elegir ser orgánico y, de esta manera, asegurarse de que sus huevos son completamente naturales y libres de GMO. Esto es lo que hace que la crianza de gallinas domésticas sea tan satisfactoria. Si es principiante, pronto se dará cuenta de que los huevos tienen diferentes formas, colores e incluso tamaños. Desde los huevos marrones hasta los blancos e incluso los azules, hay una gran variedad no solo de colores sino también de cualidades de los huevos.

Antes de poder disfrutar de sus huevos, primero debe conocer la mejor práctica en cuanto a la recolección, limpieza y almacenamiento de los mismos.

Recolección de huevos

Cuando sus gallinas ponen huevos, no quiere dejarlas tiradas en el gallinero por mucho tiempo. Aquí están algunas de las razones por las que es importante recolectar sus huevos regularmente,

- Los huevos son frágiles y cuanto más tiempo los deje en el gallinero, más posibilidades hay de que sean pisoteados y rotos.

- Los huevos pueden atraer a los depredadores y roedores al gallinero. A los gatos, mapaches, ratas y otros tipos de depredadores les gusta el sabor de los huevos, por lo que pueden adquirir el hábito de entrar en el gallinero si los huevos se dejan constantemente tirados.

- Los huevos no tienen una vida útil muy larga, así que, si desea disfrutar de sus huevos frescos, es mejor recolectarlos a menudo del gallinero.

- Las gallinas pueden empezar a comer sus propios huevos si no se recolectan a menudo. Esto ocurre especialmente cuando hay huevos rotos en el gallinero, y las gallinas se acostumbran a comerlos.

- Los gallineros tienden a tener muchos contaminantes en forma de estiércol de gallina. No desea que sus huevos permanezcan demasiado tiempo en el gallinero. Cuanto más tiempo permanezcan los huevos en el gallinero, más probable es que se contaminen con tierra y caca de pollo.

• Si tiene una pequeña bandada, es aconsejable recolectar los huevos una vez por la mañana y más tarde por la noche. Las personas con grandes bandadas deben recolectar huevos tres veces al día. Esto asegurará que los huevos puestos durante el día no permanezcan en el gallinero durante la noche. Un contenedor de plástico debe ser suficiente para recoger los huevos. Solo asegúrese de no apilarlos muy alto para evitar roturas accidentales.

Limpieza de los huevos

Cuando las gallinas ponen huevos, normalmente tienen una capa protectora natural sobre ellos para mantenerlos libres de gérmenes. Sin embargo, es normal que los huevos se ensucien un poco en el gallinero, así que limpiarlos antes de almacenarlos es una buena práctica. En la mayoría de los casos, se recomienda limpiar los huevos con un paño seco. El uso de un paño seco ayudará a limpiar los huevos sin dañar su capa externa protectora natural.

Alternativamente, hay veces que los huevos pueden tener manchas de caca y otros tipos de suciedad que deben ser lavados. En tales casos, está bien limpiar los huevos con un poco de agua. Lo ideal es que, cuando se utilice la limpieza en húmedo, se use agua tibia. Una vez que el huevo esté limpio, puede secarlo con una toalla de papel y luego colocarlo en una rejilla.

Asegúrese siempre de que las cajas de nidos y el gallinero se mantengan limpios, ya que esto reducirá las posibilidades de recoger huevos sucios. Limpie el lecho de las cajas de anidación tan a menudo como sea posible, y esto les dará a sus gallinas un lugar limpio para poner sus huevos. En última instancia, esto significa huevos más limpios para usted.

Almacenamiento de sus huevos

Ya sea que sus huevos sean simplemente para consumo doméstico o para la venta, el almacenamiento adecuado es importante para preservar la frescura. Una vez que los huevos estén limpios, deben ser almacenados en un cartón de huevos. Se recomienda indicar la fecha de recolección de los huevos en el cartón para saber cuáles son los más frescos. Esto es especialmente importante si se recolectan muchos huevos de su bandada diariamente. Si no los separa por fecha, se arriesga a que algunos de ellos se vuelvan rancios.

Utilice siempre los huevos en el orden en que fueron recolectados. Esto evita situaciones en las que algunos huevos se estropean porque han sido almacenados durante demasiado tiempo. Como regla general, guarde los huevos en el refrigerador. Los huevos refrigerados tendrán, en promedio, una vida útil de un mes a partir de la fecha de recolección. Los huevos que no se limpiaron en húmedo después de la recolección pueden durar varias semanas almacenados a temperatura ambiente. Lave siempre los huevos antes de usarlos para eliminar cualquier suciedad o contaminante de la superficie.

Si ha almacenado sus huevos por un tiempo y no está seguro de si aún están frescos, puede utilizar una simple prueba de flotación para averiguarlo. Llene un cuenco con agua limpia, luego coloque el huevo dentro del cuenco; un huevo fresco se hundirá en el fondo, mientras que un huevo rancio flotará en el agua.

Determinando la calidad de los huevos

La calidad de un huevo se basa típicamente en la calidad interna del huevo y la calidad externa del mismo. La calidad externa del huevo se centra en las características externas de los huevos, como la limpieza, la forma e incluso la textura. Si planea vender sus huevos, deben ser clasificados como A o AA. Si los huevos son de categoría B, no están aprobados para su venta en las tiendas.

La calidad externa comienza con la limpieza de los huevos. Aunque una gallina ponga un huevo cuando está limpio y bonito, los huevos se ensucian fácilmente en la caja de anidación. Por eso es importante recolectar los huevos tan a menudo como sea posible para mantener la contaminación al mínimo. Siempre se pueden limpiar en seco o en húmedo para mantener los huevos limpios, aunque esto afectará a su vida útil.

El otro aspecto que afecta a la clasificación de la calidad externa de un huevo es su forma. Los huevos que tienen cualquier otra forma que no sea la ovalada se consideran de menor calidad. Esto no significa que su contenido nutricional sea menor, sino que simplemente indica que su forma física difiere de la forma oval ideal de un huevo. Del mismo modo, los huevos con cáscara rugosa o desigual se degradan, ya que tienen más probabilidades de romperse que los de cáscara más lisa.

La calidad interior se clasifica en base a la calidad de las características internas del huevo, como la yema. Cuando un huevo es fresco, la yema tiende a ser redonda y firme. Sin embargo, a medida que pasa el tiempo, la yema comienza a absorber agua de la clara del huevo y aumenta de tamaño. Esto significa que cuanto más tiempo se almacena un huevo, más se reduce su calidad interna.

La calidad interna de un huevo no solo se ve afectada por el paso del tiempo, sino que se verá afectada por una serie de otros factores. Estos incluyen la enfermedad, la temperatura, la humedad y el almacenamiento del huevo. Esto significa que, para obtener huevos de alta calidad, las gallinas deben estar sanas y alimentadas con una dieta bien equilibrada. La forma en que usted maneja los huevos y los almacena también puede causar que la calidad interna del huevo se deteriore.

Cuando los huevos se almacenan a altas temperaturas, la calidad interna del huevo se reduce. Por eso se recomienda la refrigeración para mantener los huevos frescos el mayor tiempo posible. La manipulación brusca también puede interferir con la calidad interna del huevo, por lo que siempre hay que ser cuidadoso al recolectar, limpiar y almacenar los huevos.

Disfrutando de sus huevos

Los huevos son unos de los alimentos más versátiles del planeta. Desde el desayuno a la cena e incluso los postres, los huevos son un alimento básico en muchos hogares. Se utilizan para crear una amplia variedad de platos. Comenzando con su tortilla matutina, su pastelería favorita, su ensalada y muchas otras comidas, es probable que encuentre que los huevos son ingredientes en muchos platos básicos en muchos hogares. Esto es lo que hace que tener su propio suministro de huevos frescos sea tan gratificante. Cada vez que utilice un huevo de sus gallinas domésticas, puede estar seguro de la frescura y calidad de ese huevo.

¿Qué hay exactamente en un huevo, y qué es lo que hace que este superalimento sea tan popular en todo el mundo? Echemos un vistazo al contenido de nutrientes de un huevo (huevo cocido, valores por 100 gramos)

- Grasa total 11 g (16%)
- Grasas saturadas 3,3 g (16%)
- Grasa poliinsaturada 1,4 g
- Grasa monoinsaturada 4,1 g
- Colesterol 373 mg (124%)
- Sodio 124 mg (5%)
- Potasio 126 mg (3%)
- Total, de carbohidratos 1,1 g (0%)
- Fibra dietética 0 g (0%)
- Azúcar 1,1 g
- Proteína 13 g (26%)
- Vitamina A (10%)
- Vitamina C 0%
- Calcio 5%
- Hierro 6%

- Vitamina D 21%
- Vitamina B-6 5%
- Cobalamina 18%
- Magnesio 2%

El humilde huevo lleva una gran cantidad de vitaminas y nutrientes esenciales, incluyendo proteínas. Los huevos también son relativamente bajos en calorías, y esto significa que van bien incluso con dietas de restricción de calorías. Los huevos son, de hecho, un elemento popular en el menú de las personas que hacen dieta cetogénica, por lo que no debe preocuparse demasiado por el exceso de peso al comer huevos.

Si tiene un suministro constante de huevos de su bandada del patio trasero, recuerde que hay mucho que puede hacer con los huevos en la cocina. Pruebe nuevas y emocionantes recetas, úselas para hornear sus bocadillos y utilice los huevos de la manera más creativa posible. Hay muchas recetas de huevos disponibles en línea, así que, si está buscando nuevas formas de disfrutar de sus huevos, siempre hay una receta que puede probar y disfrutar.

Capítulo 11: Aves de Carne

Un número creciente de personas están criando gallinas con fines de carne. Esto se debe a que a medida que las personas se sensibilizan más a las prácticas dañinas de crianza de gallinas, están eligiendo tener más control sobre el tipo de alimentos que comen. A menudo, en la crianza de gallinas en fábricas no se les da el mejor cuidado o alimento, y la crianza de sus propias aves para la carne le dará acceso a una carne de gallina más saludable.

Puede criar fácilmente gallinas para carne en su patio trasero, ya que el proceso de crianza de aves para carne es más o menos el mismo que el que haría con cualquier otra gallina. La única diferencia suele venir en el tipo de alimentación que les dará a sus gallinas si las cría solo para carne.

Las mejores razas de gallinas para carne

La carne de las aves se diferencia de las ponedoras en que tienden a crecer más rápido y también a aumentar de peso. Esto significa que mientras que cualquier gallina puede ser criada con fines de carne, en última instancia las razas de carne le darán más carne en un marco de tiempo mucho más rápido que las ponedoras. Aquí están algunas de las mejores razas de gallinas de carne que deberían formar parte de su bandada si está criando gallinas domésticas con fines de carne.

• Jumbo Cornish Cross

Esta es una gran raza de gallinas que engorda bastante rápido. Tienen grandes pechugas y grandes muslos que los han hecho populares entre los criadores de carne de gallina. En unas ocho semanas puede esperar que un macho Jumbo Cornish pese unas cuatro libras, mientras que una hembra pesará dos libras a la misma edad.

• Cornish Roaster

Esta es otra gran raza de gallina que es ideal para la carne. Tiene piel amarilla, y, como el Jumbo Cornish, grandes pechugas y muslos gruesos. Esta raza de gallina madura rápidamente, alcanzando la adultez en unas diez semanas.

• Jersey Giant

Como su nombre indica, es un ave grande que es la favorita de muchos productores de carne de gallina. También tiene una buena producción de huevos, por lo que puede servir como ave de carne y ponedoras en su bandada. La Jersey Giants no madura tan rápido como otras aves de carne, pero crecerá hasta alcanzar un tamaño y peso considerables.

• Freedom Rangers

Las Freedom Rangers son otra raza que es perfecta para aquellos que quieren criar gallinas para la producción de carne. Es una raza grande y, en promedio, tardará de nueve a once semanas en alcanzar la adultez.

Cuidado de las gallinas de carne

Alojamiento

Las aves para carne tienden a ser más grandes que su ponedora promedio, por lo que requerirán mucho espacio. Necesita tener un espacio adecuado tanto en su gallinero como en el corral para sus aves para carne. La mayoría de las razas de carne crecerán mucho más rápido que las aves ponedoras, así que esto significa que el espacio en el gallinero se liberará de vez en cuando. Sin embargo, siempre asegúrese de que cada ave tenga un mínimo de 3 pies cuadrados de espacio en el gallinero, y si tiene un corral, el espacio mínimo permitido por ave es de al menos 8 pies cuadrados.

Las aves hacinadas tienden a propagar enfermedades entre ellas, a luchar más, y generalmente experimentan más estrés. Recuerde, un ave saludable le dará carne saludable, por lo que incluso las aves que se crían con fines de carne deben mantenerse en un ambiente saludable y cómodo.

La acumulación de amoníaco en el gallinero y la mala ventilación también pueden causar problemas a su bandada. Siempre asegúrese de que su gallinero tenga suficiente aire que fluya hacia adentro y respiraderos para dejar salir el aire. Los gallineros mal ventilados son un caldo de cultivo para las enfermedades, y lo último que desea es obtener carne de una gallina enferma o infectada.

La higiene es clave para mantener sus aves para carne en un estado saludable. Asegúrese de que haya lecho en el gallinero para ayudar a mantenerlo limpio. Utilice lechos como virutas de madera que absorban y liberen la humedad rápidamente, dejando el gallinero seco y sin olor. Limpie el lecho al menos una vez al mes para evitar la acumulación de estiércol, que puede conducir a altos niveles de amoníaco en el gallinero, así como a la cría de plagas y parásitos en el gallinero.

Las aves para carne necesitan el mismo nivel de cuidado y mantenimiento que las ponedoras. Manténgalas en un ambiente limpio y cómodo, y tendrá menos enfermedades, muertes de aves y problemas de comportamiento a los que enfrentarse.

Alimentación de aves para carne

Al igual que cualquier otra gallina, sus gallinas de engorde deben
ser iniciadas con un alimento de inicio. El alimento de inicio es rico
en proteínas y está específicamente formulado para promover el
crecimiento y el desarrollo adecuado de los polluelos. El alimento
de inicio debe darse a los polluelos bebés hasta que tengan tres
semanas de edad. A partir de este momento, los polluelos pueden
ser alimentados con alimento de crecimiento. Este alimento está
diseñado para promover un rápido crecimiento y aumento de peso.

La alimentación por fases permite que las gallinas obtengan
todos los nutrientes que necesitan para la edad particular en la que
se encuentran, por lo que siempre es importante alimentar a sus
gallinas con propósito de carne con alimentos adecuados a su edad.
La ventaja clave de criar sus propias aves para carne es que usted
puede elegir si los alimenta con alimentos orgánicos o estándar. Los
alimentos orgánicos tienen formulaciones similares a los alimentos
estándar, pero normalmente se cultivan y procesan bajo
condiciones orgánicas que están certificadas y aprobadas por los
reguladores pertinentes. Esto significa que, al hacer los alimentos
orgánicos, las empresas no pueden utilizar nada tratado con
fertilizantes químicos o pesticidas, ni ningún compuesto
genéticamente modificado. Cuando usted elige alimentos orgánicos
para sus aves para carne, puede estar seguro de que la carne que
obtendrá una vez que el ave sea procesada estará libre de productos
químicos o de GMO.

Independientemente de si elige un alimento estándar u orgánico
para sus aves para carne, asegúrese siempre de que el alimento que
elija cumpla con los requisitos nutricionales básicos. El alimento de
inicio debe contener al menos un 22% de proteínas, mientras que
los alimentos de crecimiento deben contener al menos un 18% de
proteínas. Evite dar a sus aves para carne alimento de ponedoras, ya
que contiene menos proteínas que el alimento para gallinas de

engorde y puede ralentizar la tasa de crecimiento de sus aves para carne.

Una vez que tenga el alimento adecuado, asegúrese de que sus aves para carne reciben todo el alimento que necesitan. Las gallinas de carne comerán, en promedio, más que las ponedoras, pero como madurarán más rápido, el costo promedio no será mucho más alto. Tenga un comedero por cada diez aves más o menos para asegurar que cada uno de sus gallinas tenga suficiente acceso a la alimentación. Si los comederos no son suficientes, las aves más pequeñas serán acosadas y no obtendrán suficiente comida.

Las gallinas, en promedio, beberán más agua que el alimento que consumen, por lo que siempre necesitan tener acceso a agua limpia. Puede utilizar bebederos en su gallinero o corral para asegurarse de que sus aves para carne se mantengan hidratadas y saludables. Asegúrese siempre de que el agua esté limpia y libre de cualquier suciedad o desecho.

Las razas para carne generalmente estarán listas para ser procesadas a las diez semanas de edad, aunque esto puede variar de una raza a otra. No deje que sus aves para carne queden sin procesar por mucho tiempo. Esto se debe a que, si no se procesan en el momento adecuado, aumentan de peso muy rápidamente y pueden desarrollar fallos orgánicos debido al exceso de peso que llevan.

Seguridad

No está engordando sus aves de carne para que los depredadores se alimenten de ellas, por lo que la seguridad debe ser una prioridad máxima en la crianza de aves para carne. Su gallinero debe estar bien asegurado y encerrado con seguridad por la noche para mantener a los depredadores fuera. Los zorros, mapaches, gatos y perros son partícipes del sabor de las gallinas, así que, si consiguen acceder al gallinero, seguro que se producirá un desastre.

Las rejillas de ventilación del gallinero deben estar cubiertas con malla para asegurar que solo el aire pueda entrar y salir. Verifique el gallinero a menudo para ver si hay roedores, que pueden esconderse en el lecho del gallinero y ser una amenaza para su bandada. Es aconsejable mantener el alimento en un área de almacenamiento diferente. Si mantiene el alimento de las gallinas en el gallinero, puede atraer roedores y otras plagas al gallinero.

Los corrales de las gallinas también deben ser construidos teniendo en cuenta la seguridad de las aves. El cercado debe hacerse con malla gallinera u otro material de cercado de malla pequeña. Esto ayudará a mantener a los depredadores alejados de sus gallinas. En algunas áreas, los halcones y los búhos pueden ser una molestia, por lo que el gallinero puede necesitar una cubierta para ahuyentar a los depredadores voladores.

Siempre asegúrese de no dejar a sus otras mascotas en el área de los pollos. Los perros y gatos domésticos pueden herir fácilmente a las gallinas, así que siempre es mejor mantenerlos alejados del gallinero y del corral.

Procesamiento de gallinas para carne

Las aves para carne generalmente estarán listas para ser procesadas a partir de las diez semanas de edad, dependiendo de la raza en particular. Antes de matar a su ave, asegúrese de tener todas las herramientas que necesitará a mano.

Herramientas necesarias

- Cuchillos muy afilados, con una hoja de 4 pulgadas o más.
- Cono de matanza de aves de corral disponible en las tiendas agrícolas
- Cubeta
- Agua limpia, puede llevar una manguera de jardín al área de la carnicería.
- Guantes
- Delantal

- Mesa cubierta de lona
- Agua hirviendo en una enorme olla (suficiente para empapar a su ave adentro)
- Toallas de papel
- Bolsas o contenedores de plástico para el almacenamiento

El proceso de carnicería

I. Una vez que haya capturado el ave que quiere procesar, sosténgala boca abajo por sus patas. En esta posición, el ave se desmayará, facilitando el proceso de carnicería.

II. Coloque la gallina en el cono de matanza.

III. Sosteniendo la cabeza firmemente a través del fondo del cono de matanza, haga un corte profundo y firme con un cuchillo afilado en la garganta.

IV. Una vez que la garganta esté cortada, deje que la sangre se drene en la cubeta hasta que esté completamente drenada.

V. Una vez que la sangre esté drenada, retire el cono de matanza y, aun sosteniendo al pájaro boca abajo por sus patas, sumérjalo en el agua hirviendo.

VI. Asegúrese de que el agua esté lo suficientemente caliente para escaldar la piel. Debería estar al menos a 135°F. Remueva el ave en el agua hirviendo hasta que todas las plumas estén empapadas en el agua.

VII. Desea que las plumas se aflojen, pero no desea que la piel del pollo se desgarre. Una vez que tire de unas cuantas plumas y estas se desprendan fácilmente, saque el ave del agua hirviendo.

VIII. Sostenga el ave o suspéndala sobre su cubeta y comience a quitarle las plumas. Progresará mucho más rápido si frota el pulgar y los dedos contra la veta de las plumas.

IX. Una vez que haya quitado las plumas, enjuague el pájaro con agua limpia.

X. La siguiente parte es preparar la gallina para su almacenamiento o uso.

XI. Cuelgue la gallina por las patas.

XII. Hacer un corte desde la ingle de la gallina hacia abajo, hacia la zona del cuello. Al hacer el corte, los órganos internos también fluirán hacia abajo. Cortar con cuidado para no perforar los intestinos ni ninguno de los otros órganos internos.

XIII. Una vez que todos los órganos han caído (o han sido sacados), enjuague el ave hasta que el agua corra clara.

XIV. Finalmente, puede colocar el ave limpia en su mesa de trabajo cubierta de lona y prepararla. Puede cortarlo en cuartos, separándolo en las articulaciones, o puede almacenarlo entero hasta que sea necesario.

Capítulo 12: Cuidado y mantenimiento de la salud

En cuanto a las mascotas, las gallinas son bastante fáciles de llevar y de bajo mantenimiento. Con un poco de esfuerzo y tiempo de su lado, puede tener una saludable y feliz bandada de patio trasero. La mayoría de los casos de mala salud, baja productividad y muerte de las gallinas se deben a una dieta pobre o a condiciones antihigiénicas en el gallinero. Todo esto significa que, con el cuidado y el mantenimiento adecuados, debería ser capaz de obtener lo mejor de sus mascotas plumosas.

Cuando se trata del cuidado de sus gallinas, la mejor manera de hacerlo es tener tareas programadas. De esta manera, nada se pasa por alto, y todas las necesidades de sus gallinas se satisfacen a tiempo. Por lo tanto, para la mayoría de las personas que crían gallinas domésticas, el hecho de tener las tareas divididas en tareas de mantenimiento diarias, semanales y mensuales les ayuda a mantenerse al día con el cuidado de sus gallinas. Este enfoque le ayudará a ahorrar tiempo mientras sigue dando a sus mascotas el mejor cuidado posible.

Tareas de mantenimiento diario

Revise el bebedero

Las gallinas necesitan acceso a agua limpia todo el día todos los días para mantenerse saludables. Puede que no necesite rellenar el bebedero a diario, pero debe asegurarse de que el agua está limpia y de que no ha entrado suciedad o desechos en ella. Si el agua está sucia, reemplácela por agua limpia.

Alimentar a las gallinas

Alimente a sus gallinas diariamente. Puede elegir entre un comedero automático o un comedero por gravedad que dispensa el alimento mientras se come. Siempre revise sus comederos diariamente para asegurarse de que sus gallinas tengan suficiente alimento.

Recolecte los huevos

Recolecte los huevos diariamente. Si tiene una gran bandada de ponedoras, puede que tenga que hacerlo dos o tres veces al día para mantener los huevos limpios y evitar la contaminación. Dejar los huevos en el gallinero durante períodos prolongados puede atraer a los depredadores y, en algunos casos, puede hacer que las gallinas comiencen a comer sus propios huevos.

Observación de las gallinas

Pase unos momentos cada día observando su bandada. Esto le ayudará a detectar cualquier comportamiento anormal o signos de enfermedad en su bandada. No es necesario que esto ocupe mucho tiempo, e incluso unos pocos minutos al día pueden ayudarle a mantenerse en contacto.

Tareas de mantenimiento mensual

Cambiar el lecho del gallinero

El lecho del gallinero debe cambiarse regularmente para evitar la acumulación de estiércol. Esta es una tarea que se puede hacer mensualmente para asegurar que sus gallinas vivan en un ambiente limpio y saludable. Cuando el lecho no se cambia con frecuencia, puede provocar infecciones y enfermedades.

Limpiar las cajas de anidación

Al igual que el resto del gallinero, las cajas de anidación deben mantenerse limpias. Recuerde que aquí es donde se pondrán los huevos, y no quiere que se contaminen con excremento de gallina u otro tipo de suciedad. Cambie el lecho de la caja de anidación mensualmente para mantenerla limpia.

Limpie sus bebederos

Al menos una vez al mes, asegúrese de que los bebederos han sido limpiados a fondo para eliminar cualquier contaminante. Puede usar una mezcla de lejía y agua para desinfectarlos completamente y luego enjuagarlos bien con agua limpia. El agua puede convertirse fácilmente en portadora de patógenos y gérmenes causantes de enfermedades, por lo que mantener los bebederos limpios es esencial.

Tareas de mantenimiento semestrales

Limpiar profundamente el gallinero

Se recomienda una limpieza profunda del gallinero al menos dos veces al año. Esto implica lavar todas las superficies del gallinero. Se puede usar una mezcla de lejía y agua para desinfectar y sanear el gallinero completamente. Durante el proceso de limpieza profunda, también se puede intentar rociar algo de tierra de diatomeas en el gallinero. Se ha descubierto que ayuda a deshacerse de parásitos como piojos y ácaros.

Gallineros a prueba de invierno

Los meses de invierno pueden ser estresantes para las gallinas, y es importante preparar el gallinero antes del invierno. En los meses más fríos, puede notar que sus ponedoras dejan de poner huevos o ponen menos huevos de los que normalmente lo harían. Esto se debe a que no reciben suficiente luz del día para estimular la producción de huevos. Las gallinas normalmente requieren un mínimo de 16 horas de luz para la producción de huevos. Durante los meses de invierno, la producción de huevos disminuirá inevitablemente debido a la falta de luz diurna suficiente. Para evitar esta situación, ponga una fuente de luz artificial en el gallinero durante los meses de invierno. Esto ayudará a mantener a sus ponedoras productivas.

También se recomienda añadir más capas de lecho a medida que se aproxima el invierno. Un lecho profundo ayudará a mantener el gallinero bien aislado durante la temporada de frío. También puede necesitar calentadores para los bebederos para evitar que se congelen cuando las temperaturas bajen.

Manteniendo su bandada saludable

Cuando se trata de la administración de la salud para su bandada de patio trasero, la administración de la salud se clasificará en tres categorías básicas:

1. Prevención de enfermedades
2. Intervención temprana
3. Tratamiento de la enfermedad

Prevención de enfermedades

La mejor cosa que puede hacer por sus gallinas es no dejar que se enfermen en absoluto. Por supuesto, en algunas circunstancias, esto no siempre está bajo su control, pero en la mayoría de los casos, puede tomar medidas para reducir el riesgo de enfermedades. Estas medidas preventivas incluyen:

a)   Asegurarse de que sus polluelos estén vacunados contra las enfermedades comunes de las aves de corral.

b)   Si sus polluelos no están vacunados, el uso de alimentos medicados puede ayudar a reforzar el sistema inmunológico.

c)   Mantener un entorno limpio y bien aireado ayudará a reducir al mínimo los riesgos de infecciones.

d)   Proporcionar a sus gallinas un alimento bien equilibrado y adecuado a su edad para garantizar que se satisfagan sus necesidades nutricionales básicas.

e)   Asegurarse de que su bandada tenga acceso a agua potable limpia en todo momento.

f)   Proteger su bandada de condiciones extremas como el calor o el frío extremos.

g)   Mantener su bandada a salvo de los depredadores.

Intervención temprana

Si detecta señales de mala salud a tiempo, es probable que la enfermedad sea mucho más fácil de tratar. Esto también evitará que la enfermedad se extienda a toda la bandada. Para que esto suceda, usted necesita pasar tiempo observando regularmente a sus gallinas y tomando nota de cualquier comportamiento anormal.

Aquí hay algunas señales de advertencia que apuntan a posibles condiciones subyacentes que usted necesita abordar.

a) Secreción de las fosas nasales u ojos

b) Alas caídas

c) El letargo y la falta de movimiento y coordinación

d) Poco apetito

e) Una gallina que de repente deja de poner huevos sin razón aparente

f) Pérdida de peso o retraso en el crecimiento

g) Plumas arrugadas

h) Incapacidad de mantener la cabeza en alto

i) Heridas en las patas

j) Pérdida de plumas

Cuando note que su gallina tiene alguno de los síntomas anteriores, es mejor que busque ayuda de un veterinario lo antes posible. Puede separar la gallina enferma del resto de la bandada para evitar que la enfermedad se extienda al resto de la bandada.

Tratamiento de la enfermedad

Obtener tratamiento para cualquier gallina enferma es importante si no se quiere perder a las aves por enfermedades. Haga que un veterinario revise cualquier ave enferma y le aconseje el tratamiento recomendado o el siguiente paso. Las enfermedades de las gallinas se propagan muy rápidamente, y una gallina infectada puede acabar fácilmente con toda la bandada si no se trata a tiempo.

Enfermedades comunes de las gallinas

Viruela aviar

La viruela aviar es una enfermedad común de las aves de corral. Se transmite por medio de mosquitos, aunque también se propaga de una gallina a otra. Aunque la viruela aviar no es necesariamente mortal, puede causar la muerte en pollos débiles y jóvenes. La viruela usualmente infecta a las aves durante 10 a 14 días. Algunos de los síntomas de la viruela aviar incluyen:

- Llagas del peine
- Manchas blancas en la piel
- Cese de la producción de huevos
- Úlceras bucales

Las gallinas pueden ser vacunadas contra la viruela aviar para minimizar el riesgo de contracción. Sin embargo, una vez que las aves han contraído la enfermedad, el tratamiento se suele hacer con suplementos de vitaminas A, D y E. Las gallinas deben ser alimentadas con comida blanda solo hasta que se curen.

Botulismo

Esta enfermedad es causada por la contaminación de los alimentos o el agua. Aunque el botulismo no es infeccioso, si sus gallinas comparten el mismo comedero y bebedero, todas pueden contraer la enfermedad por el agua o el alimento contaminado. Algunos de los síntomas comunes del botulismo incluyen:

- Pérdida de plumas
- Debilidad
- Temblores y sacudidas
- Parálisis que eventualmente lleva a la muerte

Si la enfermedad se trata a tiempo, el ave puede ser salvada. Algunas personas usan una cucharadita de sales de Epsom en agua caliente como remedio casero.

Bronquitis infecciosa

Esta es una de las enfermedades más comunes en las bandadas de patio trasero. Esta enfermedad puede acabar fácilmente con una bandada entera si no se trata. Estos son algunos de los síntomas que hay que tener en cuenta:

- Pérdida de apetito
- Disminución de la producción de huevos
- Letargo
- Secreción nasal y en los ojos
- Huevos deformes

En última instancia, con un buen cuidado y mantenimiento, sus gallinas pueden vivir vidas felices y productivas. Cuidar de su mascota no solo es satisfactorio, sino que también asegura que usted obtenga huevos de buena calidad de sus gallinas domésticas.

Como cualquier otra empresa, aprenderá más y más sobre la mejor manera de satisfacer las necesidades de sus gallinas con experiencia. Con el tiempo, será más fácil para usted identificar cualquier problema en la bandada y ajustarse en consecuencia. En última instancia, para criar gallinas domésticas saludables, no es necesario tener muchos pastizales ni gastar mucho dinero. Aún puede mantener las cosas simples y tan naturales como sea posible y criar una bandada productiva, feliz y saludable.

Conclusión

Cuidar de un ser vivo es probablemente una de las cosas más gratificantes que alguien puede hacer. La satisfacción y la alegría que vienen de ver algo prosperar bajo su cuidado son invaluables. Por eso, tomarse el tiempo para entender cómo cuidar mejor de sus gallinas no solo es bueno para sus mascotas, sino también para usted. Aprovechar la oportunidad de criar su propia bandada en el patio trasero será mucho más fácil ahora que sabe cómo hacerlo.

Ya sea que esté interesado en la crianza de gallinas para huevos, para carne o simplemente por el simple placer de tener una mascota fácil de manejar, hay muchos beneficios que vienen con la crianza de gallinas en su patio trasero. Siempre y cuando esté dispuesto a dedicar un poco de tiempo y energía al cuidado de sus gallinas, las recompensas superarán cualquier desafío que pueda encontrar en el proceso.

Lo importante es recordar que no necesitará docenas de gallinas para empezar. Una simple bandada de seis aves, si se la cuida bien, puede proporcionarle suficientes huevos para su familia e incluso el excedente puede ser vendido. Comience en pequeño y construya su bandada lentamente a medida que vaya adquiriendo más conocimientos sobre la crianza de gallinas, el cuidado de las mismas y el mantenimiento de su salud.

Una de las mejores cosas de la crianza de gallinas es que es relativamente barata. La mayor parte de lo que necesita para criar y cuidar gallinas son cosas que pueden ser fácilmente improvisadas y hechas en casa. Esto significa que los costos no deben interponerse entre usted y el sueño de tener una bandada de saludables gallinas domésticas para llamarlas como propias. Con un poco de capital, será capaz de recuperar la mayor parte de lo que necesita para comenzar.

Como ya ha dado el primer paso al equiparse con la información y el conocimiento que necesita, el siguiente paso es simplemente comenzar a utilizar el conocimiento que ha adquirido y empezar a prepararse para sus gallinas. La información de este libro es permanente y será útil tanto si decide comenzar con la crianza de gallinas hoy, como en el futuro.

Esperamos que sepa que tenemos todas las herramientas e información que necesita para seguir con este satisfactorio pasatiempo. Finalmente, si el contenido de este libro le ha sido útil, una reseña en Amazon es siempre apreciada.

Vea más libros escritos por Dion Rosser

DION ROSSER

APICULTURA

DOMÉSTICA

Lo que necesita saber sobre la crianza de abejas
y la creación de un negocio de miel rentable

Recursos

https://ag.purdue.edu/GMOs/Pages/GMOsandHealth.aspx

https://greatergood.berkeley.edu/article/item/how_modern_life_became_disconnected_from_nature

https://www.fsrmagazine.com/chain-restaurants/whats-americas-most-frequented-restaurant-chain

https://www.downsizinggovernment.org/agriculture/timeline

https://www.ncbi.nlm.nih.gov/books/NBK305168

https://scholarlykitchen.sspnet.org/2020/03/27/a-history-of-panic-buying/

https://www.cnn.com/2003/HEALTH/12/23/madcow.chronology.reut/

https://www.treehugger.com/top-tips-for-the-beginning-homesteader-3016686

http://www.quotehd.com/quotes/words/self%20sufficient

https://www.self-sufficient-farm-living.com/

https://morningchores.com/starting-a-homestead/

https://www.agdaily.com/lifestyle/10-iconic-farming-quotes-history/

https://marketingartfully.com/5-goal-setting-systems/

https://www.workzone.com/blog/project-planning-quotes/

https://www.almanac.com/content/how-build-raised-garden-bed

https://www.thespruce.com/building-a-chicken-coop-3016589

https://www.motherearthnews.com/homesteading-and-livestock/raising-sheep-goats/raising-goats-backyard-farm-ze0z1204zsie

https://completelandscaping.com/much-space-need-fruit-trees/

https://www.blueberrycouncil.org/growing-blueberries/planting-blueberries/

https://www.countryfarm-lifestyles.com/Mini-Farms.html#.XuIkMi2z0Us

https://morningchores.com/assessing-and-planning-homestead/

https://www.primalsurvivor.net/1-acre-tiny-homestead-layouts/

http://www.thebeefsite.com/articles/2415/grazing-small-ruminants-with-cattle/

https://www.diynetwork.com/how-to/outdoors/gardening/manure-compost-

https://en.wikipedia.org/wiki/Cultivar

https://www.thespruce.com/cultivars-vs-varieties-how-do-they-differ-2132281

https://snaped.fns.usda.gov/seasonal-produce-guide

https://gilmour.com/cold-weather-crops

https://www.onegreenplanet.org/lifestyle/perennial-plants/

https://homeguides.sfgate.com/vegetables-grow-yearround-66602.html

https://nellinos.com/the-history-of-the-tomato-in-italy.html

https://www.tropicalpermaculture.com/tropical-vegetables.html

https://www.learningwithexperts.com/gardening/blog/10-flowers-to-grow-with-vegetables

https://www.westernexterminator.com/wasps/what-do-wasps-eat/

https://www.rspb.org.uk/birds-and-wildlife/wildlife-guides/other-garden-wildlife/insects-and-other-invertebrates/flies/hoverfly/

https://www.ufseeds.com/learning/garden-planting-guide/

https://books.google.com/books?id=r5hiDgAAQBAJ&pg=PA11&lpg=PA11&dq=Know+Your+Seed+Varieties+GMO+hybrid+heirloom+cell-fusion&source=bl&ots=nS5wcLmYd0&sig=ACfU3U1TSKgf23MS

NmSLSRQaG9DcK3Q42w&hl=en&sa=X&ved=2ahUKEwjN8da2k
ITqAhXCsZ4KHTa_DPAQ6AEwCXoECAoQAQ#v=onepage&q
=Know%20Your%20Seed%20Varieties%20GMO%20hybrid%20hei
rloom%20cell-fusion&f=false

https://www.offthegridnews.com/how-to-2/best-homesteading-
chickens/

https://www.thehappychickencoop.com/brahma-chicken/

https://morningchores.com/chicken-coop-plans/

https://www.construct101.com/chicken-coop-plans-design-2/

https://www.diyncrafts.com/34313/woodworking/20-free-diy-
chicken-coop-plans-can-build-weekend

https://homesteading.com/how-to-build-a-chicken-coop/

https://104homestead.com/simple-living-kitchen-gadgets/

https://www.homestead.org/food/equip-your-homestead-kitchen-
and-then-make-some-tasty-yogurt/

https://cheesemaking.com/collections/equipment

https://melissaknorris.com/how-to-organize-build-your-homestead-
food-storage-kitchen/

https://apartmentprepper.com/how-to-preserve-meat-without-a-
fridge-2/

https://www.healthline.com/nutrition/fermentation

http://fermentacap.com/how-long-do-fermented-foods-keep/

https://www.culturesforhealth.com/learn/water-kefir/water-kefir-
frequently-asked-questions-faq/

https://www.liveeatlearn.com/homemade-milk-kefir/

https://traditionalcookingschool.com/food-preparation/how-long-
does-kefir-last-aw060/

https://www.jerkyholic.com/how-long-does-beef-jerky-stay-good/

https://www.dummies.com/food-drink/canning/food-preservation-
methods-canning-freezing-and-drying/

http://www.eatingwell.com/article/114109/how-to-pickle-anything-
no-canning-necessary/

https://commonsensehome.com/home-food-
preservation/#4_Freezing

---

https://commonsensehome.com/root-cellars-101/
https://www.rootwell.com/blogs/root-cellar
https://www.scientificamerican.com/article/experts-organic-milk-lasts-longer/
https://www.mediavillage.com/article/static-branding-vs-organic-branding-uwe-hook-mediabizbloggers/
https://definitions.uslegal.com/f/farmers-market/
http://www.flaginc.org/wp-content/uploads/2013/03/FarmersMarket.pdf
https://www.etsy.com/legal/policy/food-and-edible-items/239327355460
https://www.etsy.com/seller-handbook/article/recipe-for-success-7-tips-for-selling/22506251230
https://www.nolo.com/legal-encyclopedia/starting-home-based-food-business-california.html
https://www.theselc.org/cottage_food_law_summary
https://wwoof.net/
https://wwoofusa.org/how-it-works/be-host
https://4-h.org/
https://www.ffa.org/
https://nifa.usda.gov/cooperative-extension-system
https://www.underatinroof.com/blog/2017/11/15/zmys9ruhc5wis7p5ntzo6idt75zr2i
https://www.grants.gov/
https://www.usda.gov/topics/farming/grants-and-loans
https://www.nal.usda.gov/afsic
https://www.beginningfarmers.org/
https://kidsgardening.org/gardening-basics-garden-maintenance-weeding-mulching-and-fertilizing/
https://homesteading.com/best-homesteading-tools/
https://morningchores.com/low-maintenance-homestead/
https://www.communitychickens.com/hens-stop-laying-zbw2002ztil/
https://www.farmsanctuary.org/wp-content/uploads/2012/06/Animal-Care-Goats.pdf

https://www.farmsanctuary.org/wp-content/uploads/2012/06/Animal-Care-Cattle.pdf
https://www.businessofapps.com/data/youtube-statistics/
https://learn.g2.com/how-much-do-youtubers-make
https://support.patreon.com/hc/en-us/articles/204606315-What-is-Patreon-
https://www.theselfsufficienthomeacre.com/2020/04/how-to-grow-food-in-small-spaces.html
https://www.motherearthnews.com/homesteading-and-livestock/homestead-working-dog-zmaz00aszgoe
https://homesteadsurvivalsite.com/best-dog-breeds-homesteaders/
https://www.thespruce.com/beginners-guide-to-beekeeping-3016857
https://www.motherearthnews.com/organic-gardening/aquaponic-gardening-growing-fish-vegetables-together
https://www.countryliving.com/gardening/garden-ideas/how-to/g1274/how-to-plant-a-vertical-garden/